怀孕后期母猪
流产、产死胎

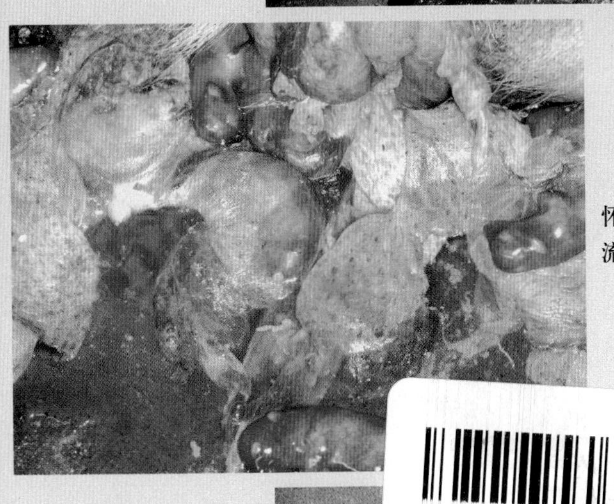

怀孕中期母猪
流产、产死胎

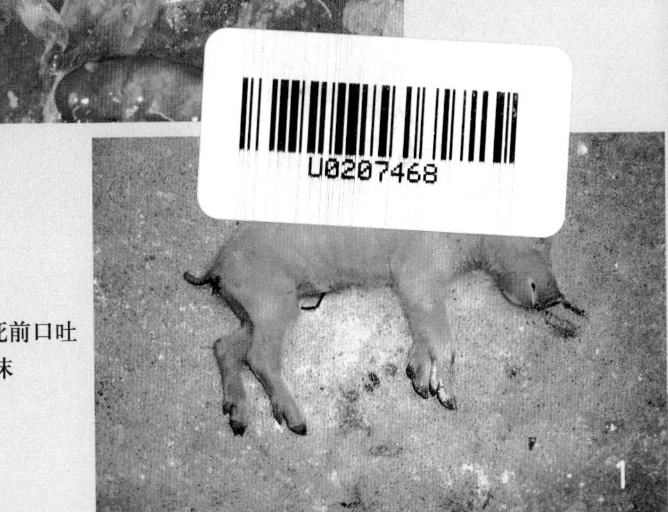

弱仔、死前口吐
白色泡沫

仔猪奇痒、后肢挠痒

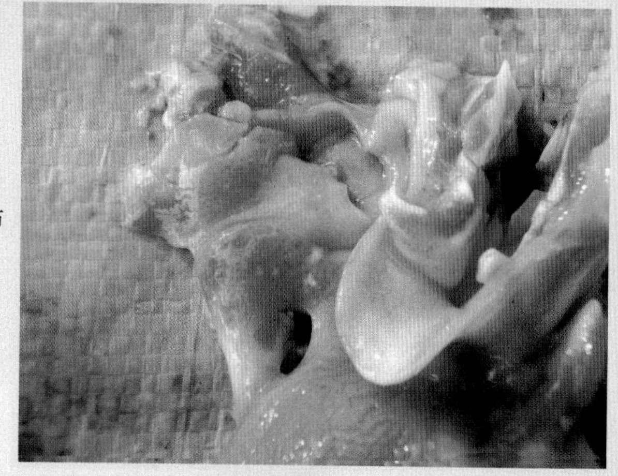

扁桃体白色坏死结节

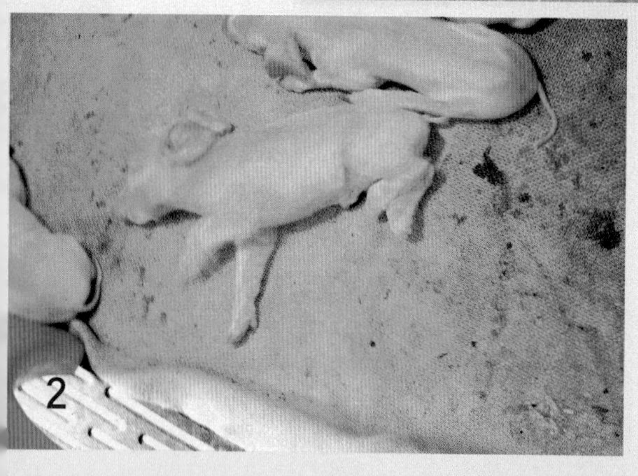

仔猪神经症状、划水状

脾脏白色坏死结节

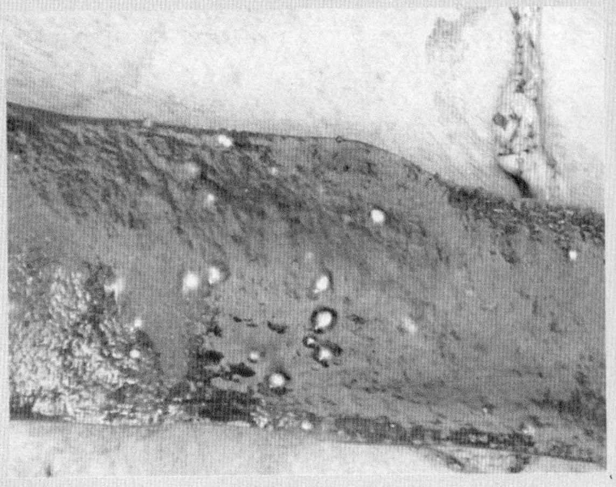

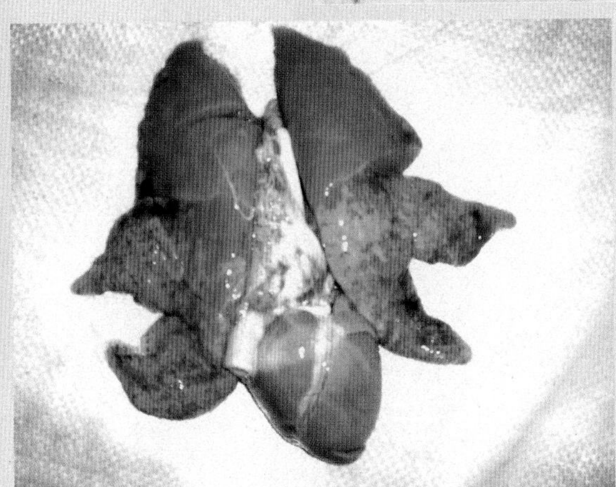

5 日龄仔猪肺脏
出血、实变

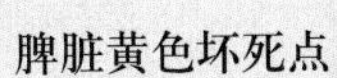

脾脏黄色坏死点

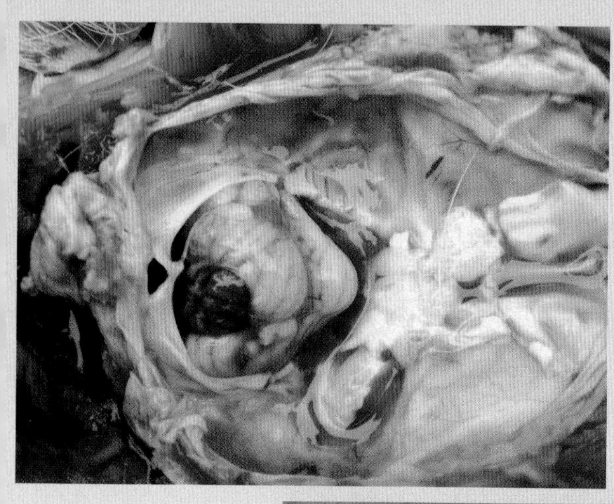

小脑出血、水肿

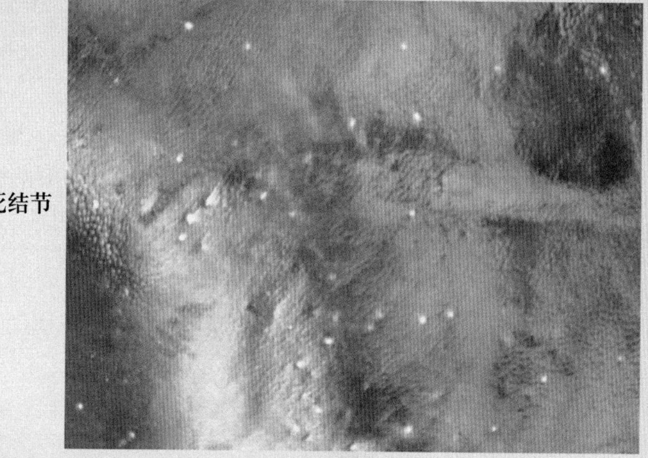

肝脏白色坏死结节

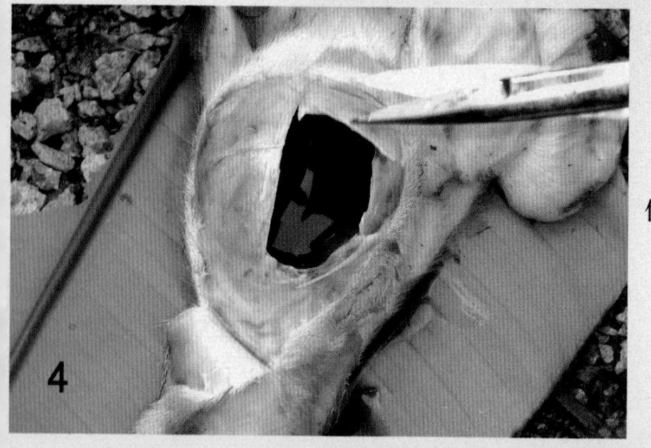

仔猪脑液化

畜禽流行病防治丛书

猪伪狂犬病及其防制

主　编
白挨泉
副主编
张　军　甄劲松
编著者
王淑敏　刘为民　何祝君
张更利　黄彩云　李彦超
主　审
顾万均

金盾出版社

内 容 提 要

猪伪狂犬病也称阿氏病或奥者士奇病，该病是危害全球养猪业最严重的传染病之一。内容包括：猪伪狂犬病概况、病毒的基本特征、流行病学、临床症状与病理变化、诊断、免疫与疫苗、防制措施。内容科学实用，语言通俗易懂，是指导防制猪伪狂犬病的参考书之一。本书适合畜牧兽医工作者、规模化养猪场技术人员及猪场养殖人员阅读，也可供有关科研单位和农业院校相关专业师生参考。

图书在版编目(CIP)数据

猪伪狂犬病及其防制/白挨泉主编．—北京：金盾出版社，2008.1

(畜禽流行病防治丛书)

ISBN 978-7-5082-4780-9

Ⅰ．猪…　Ⅱ．白…　Ⅲ．猪病-伪狂犬病病毒-防治

Ⅳ．S858.28

中国版本图书馆 CIP 数据核字(2007)第 177612 号

金盾出版社出版、总发行

北京太平路 5 号(地铁万寿路站往南)

邮政编码：100036　电话：68214039　83219215

传真：68276683　网址：www.jdcbs.cn

北京大天乐印刷有限公司印刷

装订：海波装订厂

各地新华书店经销

开本：787×1092 1/32　印张：4.875　彩页：4　字数：101 千字

2008 年 5 月第 1 版第 2 次印刷

印数：8001—14000 册　定价：9.00 元

前　言

我国养猪历史悠久，是一个养猪大国。改革开放以来，我国养猪业得到突飞猛进的发展，规模化、集约化程度越来越高，养猪业已成为农村经济的支柱产业之一，并在国民经济中发挥着越来越重要的作用。

随着养猪业的发展及各地区生猪贸易往来的频繁，猪病越来越复杂，猪病防治已成为一个突出的问题。近年来，猪伪狂犬病(PR)在全国广泛流行。由于伪狂犬病病毒主要复制部位在免疫器官扁桃体、淋巴结等器官的免疫细胞中，从而引起免疫抑制，使猪容易形成继发感染和混合感染，因此该病已成为影响养猪业发展的重要疫病之一，危害日甚一日，给各养猪场造成了巨大的经济损失，严重地影响了我国养猪业的发展。

对猪伪狂犬病的防制，国内外学者均进行了大量的研究，取得了一定进展。笔者通过查阅大量的文献资料，结合当前生产中我国猪伪狂犬病发展的新特点，国内外对本病防制和净化的最新技术撰写此书。本书内容共分 8 个部分，分别论述了猪伪狂犬病的概况、病原学、流行病学、发病机制、临床症状和病理变化、诊断、免疫和疫苗以及防制措施等。编写中还结合多年的教学、科研、临床经验，使内容更加新颖、详尽、可靠，具有科学性和实用性，力求反映本病的最新研究动态和发展水平。

在本书编写的过程中得到不少同行的指导和朋友的热情帮助，在此表示衷心感谢。特别感谢金盾出版社为本书的完成提供了许多指导性建议，对书稿的完成进行多次修改。由于编者水平和掌握文献有限，不妥之处在所难免，切望读者指正。

编 著 者

2007 年 2 月

目　录

第一章　猪伪狂犬病概况

伪狂犬病(Pseudorabies,PR),又称 Aujeszky 氏病,是由伪狂犬病毒(Pseudorabies Virus,PRV)引起的多种家畜和野生动物的一种急性传染病。

该病最早发现于美国,后来由匈牙利科学家首先分离出病毒。除猪以外的其他动物发病后通常具有发热、奇痒以及脑脊髓炎等典型症状,为致死性感染,但多呈散发形式。猪是伪狂犬病毒的天然宿主、贮存者和传染源。猪感染后其症状因日龄不同而异,仔猪常表现高热、食欲废绝、呼吸困难、流涎、抑郁及震颤等症状,继而出现运动失调、间歇性抽搐、昏迷以至死亡,15 日龄以内仔猪死亡率常高达 100%,断奶仔猪死亡率为 10%～20%。育肥猪和成猪仅表现增重减慢等轻微症状。母猪表现为返情、屡配不孕,妊娠母猪通常表现为流产,产死胎和木乃伊胎。公猪则常发生睾丸肿胀、萎缩等,种用性能降低或丧失。因此,该病对养猪业危害极大,已给全球养猪业造成了巨大的经济损失。国际兽疫局(OIE)已将本病列为 B 类(B/002)疾病。在欧美等西方国家,通过使用基因标记疫苗和相应的鉴别诊断方法,已很好地控制或根除了该病,但包括我国在内的多数发展中国家,该病仍频繁发生,给我国及这些国家和地区的养猪业造成了巨大经济损失,制约了这些国家和地区养猪业的健康发展。

第一节　流行情况

一、流行历史与现状

(一)历　史

伪狂犬病在全世界呈广泛分布。关于该病的最早描述出现于1813年,当时美国的一头牛出现极度瘙痒并最后死亡,因此本病也被称为“疯痒病”。因为病牛的临床症状与狂犬病相似,因此瑞士于1849年首次采用“伪狂犬病”这一名词。但直到1902年匈牙利学者Aladar Aujeszky通过兔子接种试验才将其与狂犬病相区别并定为一种独立的疾病,并认为该病病原不是细菌,称为Aujeszky's disease(AD),后称为伪狂犬病。1910年,Schmiedhofer通过滤过试验证实其病原为病毒。1934年,Sabin和Wrght进一步确证该病毒为疱疹病毒。近年来在分类学上又称猪伪狂犬病病毒为猪疱疹病毒1型,将后来发现的猪包涵体性鼻炎病毒称为猪疱疹病毒2型。

(二)现　状

自从伪狂犬病发现以来,世界上已有50多个国家报道发生此病。20世纪中期,PR在东欧及巴尔干半岛的国家流行较广,20世纪60年代之前,猪被感染后其症状比较温和,在养猪业中并未造成重大经济损失。然而在20世纪60～70年代,由于强毒株的出现,猪场暴发PR的数量显著增加,而且各种日龄的猪均可感染,其症状明显加剧。这种变化不仅存在于美国,在欧洲各国如德国、法国、意大利、比利时、爱尔兰等国家也同样存在。几年之后,此病相继传入新西兰、日本、中国的台湾及南美的一些国家和地区。现在该病主要流行于欧洲、北美、南美、东南亚及非洲，仅芬兰、挪威、加拿大等少数国家尚无伪狂犬病的报道。据报道，前苏联在1961～1967年每年发生伪狂犬病的疫点有658～1 039个；西德1979～1980年发病655例，在1982年暴发1 290次，1990年仅1～2月份就暴发306次；法国从1977年开始有5个地区暴发了25次，到1982年上升为43个地区暴发213次，1983年继续扩大到53个地区344次。我国周边的一些国家，如泰国、韩国、日本、菲律宾、老挝、马来西亚、新加坡、越南等也都存在该病。据联合国粮农组织（FAO）、世界卫生组织（WHO）和国际兽疫局（OIE）联合出版的《1971年家畜卫生年报》，统计了51个国家畜禽疫病情况，发生伪狂犬病的有21个。1975年上述3个组织的家畜卫生统计资料报告显示，伪狂犬病发生以欧洲为中心，在中美、中南美、非洲和亚洲一部分地区都有发生，而且蔓延区域越来越大，成为一种灾难性疫病，所造成的经济损失十分巨大。欧盟成员国及世界上有些国家，也将其列为法定传染病，并有部分国家相继制定和执行PR净化计划，少数已取得初步成功。

在我国，刘永纯（1947）首次报道了猫伪狂犬病的自然病例。其后陆续报道了猪、牛、羊、犬、鹿、水貂等多种动物的伪狂犬病。到目前为止至少已有24个省、直辖市、自治区（包括台湾省）和香港特别行政区报道发现该病，并分离出闽A、陕A、DQ-8401、S、鄂A、京A等多株PRV。1990年江苏省血清学调查，结果显示阳性率为12.07%；1987～1989年四川省对本地区存栏猪只抽样进行血清学检查，血清阳性率为20.22%；据报道，广东省1988～1995年有26个猪场流行PR，发病场的经产种猪共19 750头，约占全省100多个大中型猪场的30%，经统计，流行PR的猪场是1998年前40年总和的8.7倍。1996年对黑龙江、吉林、辽宁和内蒙古等4个地区34个猪场进行的流行病学调查结果显示，猪场阳性率为58.82%。应用ELISA方法对广西8个地区25个养猪点的280头份猪血清进行猪伪狂犬病血清学调查。结果，在6个地区检出阳性22头份，阳性率为5.8%。台湾省屠宰猪阳性率从1972年的2.1%升高至1991年的65.5%。据报道，本病进入20世纪90年代之后，危害日甚一日，不少地区染病的规模化猪场，仅2～3个猪场的发病与死亡猪数，高达全国31年中的发病与死亡猪数的总和。截至1998年底，全国用于预防猪伪狂犬病的疫苗，与20世纪80年代相比增加上百倍。甘肃省调查显示，全省89.74%的集约化猪场和61.9%养猪户的猪受到了PRV的感染。采自未接种过猪PR疫苗的集约化养猪场的2 752份血清，其抗体平均阳性率为39.06%，其中育肥猪、后备猪和生产母猪的血清抗体阳性率依次升高，阳性率分别为23%，36.91%，47.2%。陕西省于2000年1～3月份对11个地区（市）的59个县（市）未进行PR免疫的7 458份种猪血清进行检测，平均阳性率为18.69%，以地区（市）统计，阳性率最高达35.55%，最低的为7.32%，其中45个县（市）检出阳性的占所检县（市）的76.27%。调查结果还显示，血清抗体阳性率，后备种猪高于成年种猪；公猪高于母猪；交通方便、养殖业发达县高于交通不便、养猪不发达地区的种猪。

近几年来，有关本病的报道有增加的趋势。2000年，对河南省19个发病猪场调查发现，发病仔猪中伪狂犬病的阳性检出率平均为34.5%，占被检发病仔猪的38.5%。检测河南省规模化猪场198个，PRV感染猪场占9.6%。对吉林省18个规模化猪场的4 998头种猪进行血清学检测，检出PR抗体阳性率为 61.4%。对黑龙江省 22 个规模化种猪场的 16 510 头种猪进行血清学检测，检出 PR 抗体阳性率为 30.95%。对山东省不同地区的规模化种猪场进行血清学检测，检出 PR 抗体阳性率为 8.55%。而对浙江省规模化种猪场进行血清学检测，检出 PR 抗体阳性率最高的达 100%，最低的为 50%。对陕西省规模化种猪场进行血清学检测，检出 PR 抗体阳性率为 3.53%。对新疆 8 个规模化种猪场进行血清学检测，检出 PR 抗体阳性率最高的达 74%，最低的为 16%。卫秀余等 2003 年对全国 20 多个省、直辖市、自治区 222 个猪场送检的材料，用 PCR 检测 PRV 抗原的有 72 个场，检出 PRV 阳性场 23 个，占 31.9%。检测 PRV-gpI 抗体的有 103 个场，检出 PRV-gpI 抗体阳性场 62 个，阳性率为 60.2%。2004 年，用 PCR 方法对 85 个猪场的送检样品检测了 PRV 抗原，结果阳性 13 个，占 15.3%。用 ELISA 方法对 103 个猪场的送检样品检测伪狂犬野毒抗体，结果阳性 65 个，占 63.1%。对 48 个发生猪呼吸道疾病综合征（PRDC）的猪场的检测结果也显示 PRV 阳性率占被检样品的 27.9%。到 2005 年，用 PCR 方法对 237 个猪场送检的 741 份样品进行了 PRV 抗原的检测。结果有 115 个猪场检出阳性样品，占 48.5% (115/237)，比 2004 年上升 35%，有 245 份样品检出 PRV 抗原，占 33.1%(245/742)，比 2004 年上升 6%。调查还显示在这 115 个发生 PR 的猪场中，有 78 个是首次发生，占 67.8%(78/115)，其中 72 个场与引进 PR 阳性猪有关，占 92.3%(72/78)。还有 37 个场是复发，占 32.2%(37/115)。用美国 IDEXX 公司生产的酶标试剂盒对 117 个猪场送检的 1 857 份血清样品检测了 PRV-gpI 抗体，结果有 70 个猪场出现阳性样品，占 59.8%(70/117)，有 585 份样品呈阳性反应，占 31.5%(585/1857),其结果与 PCR 检测 PRV 抗原的结果相一致。

从上述疫情动态看,全国各地许多规模化猪场普遍存在 PRV 感染,而且 PRV 野毒抗体阳性率还很高,给种猪场和养猪业所造成的经济损失巨大,其危害绝不可低估。

二、国内发病的特点

当前规模化猪场由于开展了计划免疫,PR 的流行变得有所缓和,感染率也逐年下降,长时间内以潜伏感染为主,症状由典型向非典型发展。有少数猪场有时出现 PR 的反复发生,突发疫情,主要原因是康复猪群中存在潜伏感染源,长时间向外排毒,加之盲目引种带来了隐性感染的种猪,从而造成猪场反复出现 PR 疫情。

而农村广大养猪户,近几年来 PR 的发生有发展的趋势,据河南省调查,自 1999 年以来,河南农村散养猪群中大面积暴发 PR,发病率为 8%。重庆市兽医防疫站对 4 个县农村散养猪送检的 125 份血清进行检测,检出 PR 阳性血清 19 份,总阳性率为 15.2%。流行多见于冬、春、秋 3 个季节,主要危害仔猪,造成很大损失。其原因是广大农村缺少技术人员指导,综合防疫能力差,对 PR 认识不足,免疫密度又小,猪群流动频繁,检疫不严,从而造成 PR 在农村长时间大面积发生流行。

当前由于规模化猪场 PR 免疫密度大,防疫措施得到加强,在临床上妊娠母猪发生流产、产死胎、不育的大为减少。由于母源抗体的保护,20 日龄以下的仔猪发病也不多见。而断奶后的保育猪和育肥猪感染 PR 的增加,但症状轻微,也不典型,只要不存在混合感染,死亡率也较低,哺乳仔猪有奇痒。

PR 感染谱极广，在自然条件下可感染猪、牛、羊、犬、猫、兔、鼠、熊、貂、狐、骆驼及北极熊等 35 种动物。广大农村饲养户，由于条件的限制，许多农户猪、牛、羊、犬、猫混养在一起，不可能实行全进全出，生物安全措施也无法到位，特别是老鼠密集（鼠类为 PR 的第二大传染源），灭不胜灭，造成 PR 在农村的广泛传播。

在 PR 发病过程中常见混合感染，猪瘟病毒、蓝耳病病毒、细小病毒、乙脑病毒、流感病毒及巴氏杆菌、链球菌、大肠杆菌等病原，使病情复杂化，病死率增加，以致造成更大的损失。

总之，国内 20 世纪 70 年代前本病只有零星散发，而 20 世纪 80 年代后出现地方流行与零星散发，20 世纪 90 年代以来则表现为地方流行与暴发病例。近一二十年来，我国的猪伪狂犬病发生地区迅速扩大，病势日益恶化，经济损失惨重。综合国内的 PR 发病情况，该病的流行正呈现日益上升趋势。有鉴于此，农业部于 1999 年发布公告，将伪狂犬病列为二类动物疫病中的第一个疾病。

第二节　猪伪狂犬病防制现状

一、猪伪狂犬病净化概况

由于该病已成为危害全球养猪业最严重的传染病之一，许多国家都在采用许多方法进行防制，西方发达国家和养猪业发达国家投入了巨资和人力加强研究。欧洲从 1902 年确定该病后就一直高度重视。20 世纪前半叶以来是东欧及巴尔干半岛国家养猪业的重要疾病，20 世纪 60 年代以来，在西欧由于毒力增强导致该病多次暴发。由于该病发生后较长时间内只研制出死苗，无法区别野毒感染。在研制出基因缺失弱毒疫苗后，可区别疫苗和野毒感染产生的抗体，这为净化伪狂犬病打下了基础。

目前，国内外现行的伪狂犬病疫苗主要分两类：基因缺失弱毒疫苗和灭活疫苗。基因缺失弱毒疫苗由于具有良好的免疫源性，在欧、美国家应用最多，市场占有率达90%以上；灭活苗安全性好，免疫猪免疫后不存在排疫苗毒的问题，但由于疱疹病毒本身的免疫原性与毒力有一定的相关性，因此灭活苗的免疫效力一般较差，不如基因缺失弱毒疫苗。一些国家和地方成功地净化了该病。如：英国、丹麦。20世纪90年代英国和丹麦开始采用过淘汰法净化，英国已经在1991年5月15日宣布已扑灭伪狂犬病。从1991年4月开始，德国是第一个在欧洲大陆上采用免疫法净化该病的国家，接下来是荷兰在1993年9月开始制订全国净化计划，法国、芬兰和东德地区相继于1993、1994、1995年宣布成为伪狂犬病无疫区，其余欧盟各国则是在1996年后全部采用免疫法来净化该病。另有日本、韩国、美国、新西兰也正在推行国家级的伪狂犬病扑灭计划，韩国是采用淘汰法，日本、美国、新西兰是采用免疫法。欧盟各国都制订了净化伪狂犬病的计划。

在我国，随着规模化养猪场的不断增加，本病也日益受到重视。近年来已经在部分地区开展了PR的清除计划，而且也都是采用免疫法，再辅以血清学检测及时淘汰阳性猪而逐步达到清除本病的目的。

二、猪伪狂犬病防制现状

目前，对伪狂犬病尚无有效的治疗办法。对伪狂犬病的控制除按常规的隔离、消毒、控制人员流动外，主要以应用疫苗免疫接种作为防制本病的重要手段之一。疫苗接种虽然不能完全阻止强毒的感染和排毒以及潜伏感染的发生，但是它可以阻止疾病的发生，减少病毒扩散，增加启动感染的病毒剂量，降低强毒感染后排毒量，并缩短排毒时间，可减少被激活的潜伏病毒的排放，从而将损失减低到最小限度。20 世纪 90 年代以前使用的疫苗主要有弱毒疫苗和灭活疫苗两种。灭活疫苗的效力一般认为要差一些，但安全性高；弱毒疫苗由于该病毒的潜伏感染特性，因此存在着不安全和散毒的问题。常规的弱毒疫苗是通过在鸡和牛的细胞上多次传代而获得的，如 Bartha、Buk、Norden 和 NIA-4 疫苗株，通过分子生物学方法已经证明这些疫苗株的 gE 基因自然缺失，因此对猪体是比较安全的。

为了提高常规疫苗的安全性，20 世纪 90 年代已经研制出新一代人工基因定位缺失的弱毒疫苗，并在许多国家广泛应用。利用基因工程技术删除病毒 TK 基因及另一非必需糖蛋白基因构建的双基因缺失疫苗有 TK^-/gG^-、TK^-/gE^-、TK^-/gC^- 等。这些双基因缺失疫苗病毒与其母源毒比较，毒力明显减弱，但仍具有良好的免疫源性。此外，基因缺失疫苗还可以降低免疫猪攻击强毒后的排毒能力，其自身的潜伏感染能力也大大下降。这些人工改造的基因缺失疫苗不仅在安全方面更为可靠，而且还有利于建立鉴别诊断方法。目前，利用抗 gE、gC 和 gG 蛋白的单克隆抗体建立的酶联免疫吸附试验（ELISA）鉴别诊断试剂盒业已问世，并与相应的基因缺失疫苗一起在许多国家执行对伪狂犬病根除计划中发挥着重要的作用。

过去几十年，常规疫苗的广泛使用大大减少了临床病例的发生，但没有真正控制住猪伪狂犬病的流行。人们逐渐地认识到仅靠简单的疫苗接种达不到完全控制直至消灭此病的目的。因此，自20世纪80年代末基因缺失疫苗及其相应的鉴别诊断方法问世并投入使用以后，世界上一些主要伪狂犬病流行国家相继启动了根除计划，已取得了显著成效。欧美一些发达国家几年前就开始执行根除计划，对于污染率比较低，而且经济能力可以承受的国家，根除措施非常简单，即定期用鉴别ELISA方法进行血清学普查，检出阳性猪立刻屠宰；对于污染率较高的国家不可能实行这种简单的措施，而是先通过密集型疫苗接种配合血清学监测逐渐降低阳性猪的数量，当感染猪的数量降低到可以承受得起时，再采取检出阳性即屠宰的措施。丹麦和英格兰猪群的污染率较低，采取简单的根除措施，已于20世纪90年代初宣布扑灭了此病（表1-1）。由于欧盟限制伪狂犬病污染国家的猪出口到无伪狂犬病的国家和地区，所以其他欧盟国家也相继采取措施，力求尽快根除此病，以避免由于限制生猪出口而打击本国的养猪业。

表1-1 部分国家和地区使用的PRV疫苗

国家和地区	使用的疫苗
美　国	TK^-/gG^-、TK^-/gE^-、TK^-/gC^-、$TK^-/gG^-/gE^-$
日　本	TK^-/gC^-、TK^-/gG^-、TK^-/gE^-
法　国	灭活 gE^- 疫苗（种猪和母猪）、gE^- 活苗（肉猪）
荷　兰	TK^-/gE^-、gE^-/gI^-
德　国	灭活苗和亚单位苗（种猪和母猪）
中　国	gE^-/gI^-、灭活疫苗
中国台湾	灭活 gE^- 疫苗

日本最早于 1981 年从 5 个猪场检出阳性猪，到 1988 年发展至 59 个猪场。密集型疫苗接种是最初采取的主要措施，随后建立了 ELISA 血清学监测方法。1983 年日本政府把伪狂犬病确定为必须申报的法定传染病，并开始签发无伪狂犬病证书，以保障市场上出售的仔猪均未感染伪狂犬病病毒。到 1993 年，全国只有 8 个猪群发生伪狂犬病。

我国台湾于 1971 年首次暴发伪狂犬病。对市售猪普查，PRV 抗体阳性率 1972 年为 2.1%，1991 年上升至 65.5%；对猪场的血清学普查证明，30% 的猪感染了 PRV。1991 年成立根除伪狂犬病顾问委员会，并决定从 1992 年开始应用 gE^{-} 灭活苗及其配套的鉴别 ELISA 方法在全省启动根除计划。1 年以后，猪群的阳性率明显下降，现在大部分猪群已完全根除了伪狂犬病。

一直以来，我国对伪狂犬病还没有引起足够重视。20 世纪 90 年代以前一直使用一种自然 gE 基因缺失疫苗和灭活疫苗，疫苗接种完全是自愿的，在防制上没有统一的行政措施；还没有建立一种能有效地区分疫苗接种和自然感染的血清学鉴别方法。因此，关于伪狂犬病的病例报道逐年增加。近年来，随着基因工程缺失疫苗的成功研制以及相应的鉴别诊断方法的建立，伪狂犬病的根除计划在规模化猪场得到了实施。相信随着认识的不断提高，再加上科学方法的指导，我国的伪狂犬病将会得到有效的控制。

第二章　猪伪狂犬病病毒的基本特征

猪伪狂犬病的病原为伪狂犬病毒（*Pseudorabies Virus*，PRV；*Aujeszky's disease virus*，ADV）。它属于疱疹病毒科（Herpesviridae）α-疱疹病毒亚科（Alphaherpesvirinae）的猪疱疹病毒1型（*suid herpesvirus* 1）。与人的单纯疱疹病毒（Herpes simplex virus，HSV）、水痘-带状疱疹病毒（*Varicella-zoster* Virus，VZV）、牛的疱疹病毒Ⅰ型（*Bovine herpesoirus type* Ⅰ，BHV-1）、马的疱疹病毒Ⅰ型（*Equine herpesoirus type* Ⅰ，EHV-1）和鸡的传染性喉气管炎病毒（*Infectious laryngotracheitis virus*，ILTV）同属于α-疱疹病毒亚科，与VZV，BHV-1和EHV-1同属于水痘病毒。PRV是一种高度嗜神经的病毒，在神经系统内可建立潜伏感染；猪是PRV的贮存宿主和传染源，人对PRV无易感性。

第一节　猪伪狂犬病病毒的形态和理化学特征

一、形态和化学组成

（一）形　态

伪狂犬病病毒是观察研究较多的一种疱疹病毒，它具有疱疹病毒共有的一般形态特征，同单纯疱疹病毒和B病毒的形态结构难以区分。其完整的病毒粒子呈椭圆形或圆形外观，位于细胞核内无囊膜的病毒粒子直径110～150nm，位于胞质内带囊膜的成熟病毒粒子的直径150～180nm。核衣壳直径为 105～110nm，含 162 个壳粒，衣壳壳粒的长度约 12nm，宽 9nm，其空心部分的直径约 4nm，核衣壳呈正 20 面体对称，内含病毒基因组 DNA 和核衣壳蛋白。核衣壳外被一层非晶体状蛋白样结构（tegument，被膜）所包裹，病毒粒子最外层是病毒囊膜（envolope），病毒囊膜是由宿主细胞衍生而来的脂质双层结构。囊膜上镶嵌有病毒编码的囊膜蛋白，大多是糖蛋白，这些糖蛋白在 PRV 感染细胞时介导着病毒与细胞之间的相互作用，并对病毒在细胞之间的扩散发挥着重要的作用，也是动物机体的免疫系统识别的主要靶抗原。在此层外衣壳下还有两层以上的蛋白质膜。囊膜表面有呈放射状排列的纤突（spike），其长度 8～10nm，其数量和配置情况尚不清楚。囊膜虽然与感染的发生有密切关系，但实验证明，没有囊膜的裸露核衣壳同样具有感染性，但其感染力仅为带囊膜成熟病毒的约 1/4。

（二）化学组成

多数疱疹病毒 DNA 碱基中的 G+C 含量较高，其中伪狂犬病病毒和猪包涵体鼻炎病毒是疱疹病毒中 G+C 含量最高的，前者为 73%，后者为 72%，这也可能是猪疱疹病毒的一个特点。PRV 的基因组为线性双股 DNA 分子，分子量为 87×10^6（约 150kb）。伪狂犬病毒具有典型的疱疹病毒基因组结构特征，由独特长区段（Unique long region，UL）、独特短区段（Unique shot region，US）及位于 US 两侧的末端重复序列（TR）和内部重复序列（IR）组成，由于 US 区的方向可与 UL 区一致也可相反，从而有两种异构体。由于伪狂犬病毒基因组的 G+C 含量极高，使得其序列的测定一直进展缓慢。最近，Klupp 等（2004）根据基因库（GenBank）中公布的不同 PRV 毒株的序列（Kaplan，Becker，Rice，Indiana-Funkhauser,NIA-3 和 TNL 等 6 株病毒),人工拼接了 1 株“杂合”的 PRV 全基因组序列,并对全序列进行了分析,发现 PRV 基因组全长 143 461bp,由 72 个阅读框架组成,可编码 70 种蛋白(其中 IE180、US1 各有 2 个拷贝)(表 2-1)。

目前,在伪狂犬病毒中已发现了 gB、gC、gD、gE、gG、gH、gI、gK、gL、gM 和 gN 等 11 种糖蛋白,起初人们用罗马数字或分子量来命名这些糖蛋白,为了便于比较不同疱疹病毒同源蛋白质的生物学特性,在 1993 年的第十八届国际疱疹病毒大会上,这种蛋白质命名方法被标准的英文字母命名法所取代。1995 年后此前的几种糖蛋白命名如 gII,gIII,gp50,gI,gX 和 gp63 分别为 gB,gC,gD,gE,gG 和 gI 所取代。此外,除了这几个糖蛋白与伪狂犬病毒的毒力有关外,还有几种酶也与病毒的毒力密切相关,包括胸苷激酶(TK)、核苷酸还原酶(RR)、蛋白激酶(PK)、碱性核酸外切酶(AN)和脱氧尿苷三磷酸激酶(dUTPase)等,而其中 TK 是伪狂犬病毒最主要的毒力基因之一,其缺失不但可以极大地降低病毒的毒力,而且还可以减轻潜伏感染的病状。糖蛋白 gB、gC 和 gD 在免疫诱导方面最为重要,代表 gB 多决定簇的单克隆抗体在体外能中和 PR 病毒,而且在抗体依赖性细胞介导性细胞毒性中有活性,这点可充分证明上述结论。gB 的特异性单克隆抗体可以使人工感染 PR 病毒的小鼠获得保护性免疫,针对 gC 的单克隆抗体在体外也能中和 PR 病毒,并使小鼠和猪获得保护性免疫,注射 gD 单克隆抗体或接种源自 gD 和 gI 的重组蛋白也可使小鼠和猪获得保护性免疫。

表 2-1　PRV 的基因情况

基　因	大小(kD)	常用名	结构组成	核　心
ORF1.2	35.3		病毒粒子	否
ORF1	21.8		病毒粒子	否
UL54	10.4	ICP27	非结构蛋白	是
UL53	33.8	gK	病毒粒子(囊膜)	否
UL52	103.3		非结构蛋白	是
UL51	25		病毒粒子(被膜)	是
UL50	28.6	dUTPase	非结构蛋白	是
UL49.5	10.1	gN	病毒粒子(囊膜)	是
UL49	25.9	VP22	病毒粒子(被膜)	否
UL48	45.1	VP16，α-TIF	病毒粒子(被膜)	否
UL47	80.4	VP13/14	病毒粒子(被膜)	否
UL46	75.5	VP11/12	病毒粒子(被膜)	否
UL27	100.2	gB	病毒粒子(囊膜)	是
UL28	78.9	ICP18.5	衣壳前体蛋白	是
UL29	125.3	ICP8	非结构蛋白	是
UL30	115.3		非结构蛋白	是
UL31	30.4		初级病毒粒子(被膜)	是
UL32	51.6		衣壳前体蛋白	是
UL33	12.7		非结构蛋白	是
UL34	28.1		初级病毒粒子(囊膜)	是
UL35	11.5	VP26	病毒粒子(衣壳)	是
UL36	324.4	VP1/2	病毒粒子(被膜)	是
UL37	98.2		病毒粒子(被膜)	是
UL38	40	VP19c	病毒粒子(衣壳)	是

续表 2-1

基因	大小(kD)	常用名	结构组成	核心
UL39	91.1	RR1	非结构蛋白	是
UL40	34.4	RR2	非结构蛋白	否
UL41	40.1	VHS	病毒粒子(被膜)	否
UL42	40.3		非结构蛋白	是
UL43	38.1		病毒粒子(囊膜)	否
UL44	51.2	gC	病毒粒子(囊膜)	否
UL26.5	28.2	pre-VP22a	衣壳前体	是
UL26	54.6	VP24	衣壳前体	是
UL25	57.4		病毒粒子(衣壳)	是
UL24	19.1		?	是
UL23	35	TK	非结构蛋白	否
UL22	71.9	gH	病毒粒子(囊膜)	是
UL21	55.2		病毒粒子(被膜)	是
UL20	16.7		?	否
UL19	146	VP5	病毒粒子(衣壳)	是
UL18	31.6	VP23	病毒粒子(衣壳)	是
UL17	64.2		病毒粒子(内衣壳)	是
UL16	34.8		病毒粒子(被膜)	是
UL15	79.1		衣壳前体	是
UL14	17.9		?	是
UL13	41.1	VP18.8	病毒粒子(被膜)	是
UL12	51.3	AN	?	是
UL11	7		病毒粒子(被膜)	是
UL10	41.5	gM	病毒粒子(囊膜)	是

续表 2-1

基　因	大小(kD)	常用名	结构组成	核　心
UL9	90.5	OBP	非结构蛋白	否
UL8.5	51	OPBC	?	否
UL8	71.2		非结构蛋白	是
UL7	29		?	是
UL6	70.3		病毒粒子(衣壳)	是
UL5	92.1		非结构蛋白	是
UL4	15.8		?	否
UL3.5	24		?	否
UL3	25.6		非结构蛋白	否
UL2	33	UNG	非结构蛋白	是
UL1	16.5	gL	病毒粒子(囊膜)	是
EP0	43.8	ICP0	病毒粒子	否
IE180	148.6	ICP4	非结构蛋白	否
US1	39.6	RSp40/ICP22	?	否
US3 (minor)	42.9	PK	?	否
US3 (major)	36.9	PK	病毒粒子(被膜)	否
US4	53.7	gG	分泌	否
US6	44.3	gD	病毒粒子(囊膜)	否
US7	38.7	gI	病毒粒子(囊膜)	否
US8	62.4	gE	病毒粒子(囊膜)	否
US9	11.3	11K	病毒粒子(囊膜)	否
US2	27.7	28K	病毒粒子(被膜)	否

二、理化特性

本病毒是疱疹病毒中抵抗力较强的一种。伪狂犬病病毒在不同的液体中和物体表面至少能存活 7d,在畜舍内干草上的病毒,夏季存活 30d,冬季达 46d。病毒在 pH 值 4～9 保持稳定。保存在 50%甘油盐水中的病料,在 0℃～6℃下经 154d 后,感染力仅轻度下降,保存至 3 年仍具感染力。在磷酸缓冲液和葡萄糖盐水中 10d 以上仍具有感染力;在猪尿,井水、猪唾液、猪鼻冲洗液、猪舍污水中,分别于 14、7、4、2 和 1d 还有感染力。将悬浮于葡萄糖盐水中的病毒倒在水泥地板、塑料壶、胶鞋、衣服、土壤、青草、颗粒饲料、骨肉粉料、苜蓿、麦秸、木材和猪粪等的表面后 7d,致病性下降。附着在谷物和金属表面的病毒的致病性至少可保持 7d;在骨肉粉料中可存活 5d,在颗粒饲料中可存活 3d。在腐败条件下,病料中的病毒经 11d 失去感染力。因 PRV 具有囊膜,因而对乙醚、氯仿、丙酮、乙醇等脂溶剂高度敏感,另外对 40%甲醛和紫外线照射等敏感。5%石炭酸溶液经 2min 灭活,但 0.5%石炭酸溶液处理 32d 后仍具有感染性。0.5%～1%氢氧化钠溶液迅速使其灭活。3%酚类 10min 可使病毒灭活。0.6%甲醛溶液中需 1h 才能灭活,75%乙醇溶液、0.1%高锰酸钾溶液、0.25%来苏儿溶液在 1min 内,0.5%新洁尔灭溶液、0.05%度米芬溶液在 2min,4.5%乳酸 3min 可以灭活病毒。碘酊、季铵盐能迅速有效地杀灭 PRV。对热的抵抗力较强,55℃～60℃经 30～50min 才能灭活,80℃经 3min 灭活。胰蛋白酶等酶类能灭活病毒,但不损坏衣壳,其破坏作用可能涉及整个囊膜,或仅为囊膜上与感染细胞结合的受体。在短期保存 PRV 时,4℃保存可存活 300d 以上,而－20℃和－15℃一般

100d以内即丧失感染力，可见，4℃保存比－20℃和－15℃保存效果更好。病毒培养物的最适保存温度为－70℃以下。真空冷冻干燥的病毒培养物可保存多年。

第二节　猪伪狂犬病病毒的抗原性

一、抗原的特点

迄今还没有发现抗原性不同的伪狂犬病病毒株，从世界各地分离的毒株都能呈现一致的血清学反应，但毒力则有强弱之分，如从英国分离的伪狂犬病病毒对牛和羊的感染力甚低，过去10年中虽然发病的猪很多，但只看到1个牛病例。美国曾发现个别流行区毒株的毒力有所增强，这表现在对成年猪也能引起死亡，而以往通常只能致发乳猪和幼猪死亡。有人认为，这是由于在流行过程中出现了毒力强的变种。通过血清学试验，表明这些毒力强的变种在抗原性上和早年流行的毒株相同，但对细胞培养物的感染滴度则不同，强毒株的感染滴度明显增高。本病毒与B病毒和人的单纯疱疹病毒发生微弱的交叉反应，含有B病毒抗体的猴对本病毒具有一定的耐受性。研究发现PRV与HSV-1和HSV-2在DNA水平上至少有10%的同源性。根据交叉中和试验发现PRV与牛疱疹病毒1型(BHV-1)有较近的抗原关系，比较发现PRV与BHV-1在基因组水平上有8%的同源性。在具有抗BHV-1高效价的牛的血清中，也含有低效价的抗PRV中和抗体。研究发现PRV与马立克氏病病毒(MDV)呈现微弱的交叉反应，主要表现在直接荧光抗体法的检查上。经免疫荧光试验测定，在33株抗PRV单克隆抗体中，有3株能与

MDV 相关病毒感染的细胞反应:其中 2 株与 MDV 血清 1 型(MDV-1)、2 型(MDV-2)及 HVT 感染细胞的细胞核反应;而 1 株与 MDV-2 和 HVT 感染细胞的细胞质反应。上述与 MDV 相关病毒有交叉反应的 PRV 单抗均不与其他疱疹病毒(如单纯疱疹病毒 1 型、2 型,水痘-带状疱疹病毒,EB 病毒)感染的细胞发生反应。除上述病毒外,尚未发现本病毒与其他疱疹病毒存在共同抗原成分。

二、病毒糖蛋白的功能

在病毒与宿主的相互作用中,病毒的糖蛋白起着重要作用,它们不仅介导对靶细胞的感染,而且还是被感染的宿主免疫系统识别的主要抗原。PRV 糖蛋白 gB 是病毒的一种主要囊膜糖蛋白,能诱导产生中和抗体。在疱疹病毒中,gB 属于最保守的糖蛋白之一,是 HSV gB 的同源物。HSV-1 的 gB 与 PRV 的 gB 在氨基酸水平上有 50%的同源性,在 DNA 水平上有 62%的同源性。该糖蛋白不仅诱导产生中和抗体,而且对病毒的复制和病毒感染过程是必需的。PRV 的 gC 糖蛋白为 HSV gC 的同源物,是病毒的第二种主要囊膜糖蛋白,它的主要功能是介导病毒吸附到宿主细胞上,与病毒感染的第一步有关。PRV 的 gD 糖蛋白与 HSV gD 同源,是中和抗体的主要靶目标,也是参与病毒复制的必需成分,它还参与吸附与穿透的病毒感染过程。PRV gH 糖蛋白是第二个最保守的糖蛋白,它与 HSV 在氨基酸水平上的同源性为 30%,其作用类似于 gB 糖蛋白,参与病毒的复制过程,在病毒进入细胞和细胞融合过程中起作用。PRV 的 gE 与 gI 糖蛋白构成一种复合体,影响病毒的增殖,同时发现,灭活 gE 或 gI 将降低病毒对猪、小鼠和鸡的致病性。PRV gG 糖蛋白是非结构糖蛋白，从感染细胞中大量分泌出来。gG^-变异株在细胞中的复制能力达到正常滴度并对仔猪和小鼠表现与野生型病毒一样强的毒力，表明 gG 与病毒毒力无关。

三、病毒的血凝性

关于 PRV 的血凝性，试验了细胞培养的伪狂犬病病毒在 4℃、25℃和 37℃下对各种动物红细胞的血凝(HA)作用。结果，小鼠红细胞在不同温度下均发生凝集，而牛、绵羊、山羊、猪、猫、兔、豚鼠、大鼠、蒙古沙土鼠、鸡和鹅红细胞均不凝集。小鼠红细胞的 HA 活性表现出品系的差异，血凝效果最好的是 BALB/C 小白鼠，因此用于 HA 试验的小鼠需要筛选。HA 反应可被特异性抗血清的抑制，猪血清中的血凝抑制抗体与中和抗体效价呈显著的相关性。肝素也可抑制 PRV 的血凝活性，因此 PRV 的 HA 试验不可用肝素作为抗凝剂。国内学者对 PRV 的血凝及血凝抑制(HI)试验进行研究，所得结果与国外报道一致。

第三节　猪伪狂犬病病毒的培养特性

一、培养特性

本病毒具有泛嗜性，能在多种组织培养细胞内增殖，但表现的敏感度不同，其中以兔肾和猪肾细胞(包括原代细胞或传代细胞系)最适于病毒的增殖。这些细胞较鸡胚和其他实验动物都敏感。病毒增殖引起的细胞病变很明显，开始呈散在的灶状，随后逐渐扩展，直至全部细胞溶解脱落，同时有大量多核巨细胞出现。细胞病变出现很快，当病毒接种量大时，在 18h 后即能看到局部细胞圆缩的散在灶状细胞病变，细胞病变最明显的时期为接种后 48～96h。这时维持液中病毒的含量高且恒定。出现病变的细胞培养物经苏木精-伊红染色后，能看到典型的核内嗜酸性包涵体。在细胞融合后形成的多核巨细胞内，有时也能看到嗜碱性核内包涵体。兔肾和猪肾细胞最适于做蚀斑试验，除了可做病毒滴度测定和蚀斑减数试验外，还可依据蚀斑大小和形状对病毒株进行鉴别。强毒株大多形成小而不规整的蚀斑，弱毒株的蚀斑较大，弱毒疫苗株的蚀斑最大，直径达 8～10mm。除上述常用的两种肾细胞以外，本病毒还能在猴、牛、羊和犬的肾细胞，家兔、豚鼠和牛的睾丸细胞，HeLa 细胞，鸡胚和小鼠成纤维细胞等多种细胞内增殖。

二、增殖培养

应用鸡胚做绒毛尿囊膜接种，是最早用于病毒增殖和传代的方法。病变状态与病毒的接种量及毒力有关。强毒株于接种后 3～4d 在绒毛尿囊膜表面出现较大隆起的痘疱样病变和溃疡，随后因病毒严重侵袭神经系统，导致鸡胚死亡。死胚的主要变化为弥漫性出血和水肿，尤以头盖表面皮肤的出血局部呈突起状，更为明显。对感染细胞做组织学检查，能发现核内包涵体。卵黄囊和尿囊腔等接种途径，同样可用于病毒的增殖培养。

第四节　猪伪狂犬病病毒的病原性

一、病原的特征

伪狂犬病病毒是疱疹病毒科中感染动物范围广泛和致病

性较强的一种。已有在自然条件下使猪、牛(黄牛、水牛)、羊、犬、猫、兔、鼠等多种动物,包括野生动物如水貂、北极熊、银狐和蓝狐等感染发病的报道。马属动物对本病毒具有较强的抵抗性。除人类和灵长类以外,多种哺乳动物和很多禽类都能发生人工实验感染。曾有几例实验室工作人员感染本病毒的报道。感染者呈严重的荨麻疹症状,血清中检出了特异性抗体。常用的实验动物如家兔、豚鼠、小鼠对此病毒都易感,其中以家兔最为敏感(较豚鼠敏感 1 000 倍左右),是常用的实验动物。

二、感染途径

本病的潜伏期随动物种类和感染途径而异。最短 36h,最长 10d,一般多为 3～6d。主要是通过飞沫、摄食和创伤感染。病毒首先在扁桃体、咽部和嗅上皮组织内增殖,然后通过嗅神经和舌咽神经等到达脊髓,又进一步增殖后扩散到整个大脑。病毒是沿神经干传播的,此点已通过人工感染家兔得到证实。病毒的另一种传播途径,是通过被吸引到初发病变局部的白细胞的摄入或细胞表面的吸附作用,然后由白细胞经血行路线将病毒带向机体各部,尤其是孕畜的胎盘组织,经初步增殖后侵入胎儿,致发流产或死产。实验表明,病毒只能从试管内沉淀血柱的白细胞层分离获得,但不能从无白细胞的血液中分出,所以伪狂犬病患病动物的病毒血症,是白细胞携带病毒的结果。

三、致 病 性

伪狂犬病可以引起多种动物发病,其临床症状和病程随动物的种类和年龄而异,简述如下。

(一)猪

各种年龄的猪都易感，但随猪的年龄不同，症状和死亡率也有显著区别，但一般不呈现瘙痒症状。哺乳仔猪最为敏感，发病后取急性型致死过程。15 日龄以内的仔猪常表现为最急性型，病程不超过 72h，死亡率 100％。这种病猪往往没有明显的神经症状，主要表现为体温突然升高(41℃～42℃)，不食，间有呕吐或腹泻，精神高度沉郁，常于昏睡状态下死亡。部分病猪可能兴奋不安，体表肌肉呈痉挛性收缩，吐沫流涎，张口伸舌，运动失调，步伐僵硬，两前肢张开或倒地抽搐。有时不自主地前进、后退或做转圈运动。随后出现四肢轻瘫和麻痹，侧身倒卧，颈部肌肉僵硬，四肢划动，最后在昏迷状态下死亡。1 月龄仔猪的症状明显减轻，死亡率也大为下降。随着仔猪月龄的增加，病程延长，症状减轻，死亡率逐渐降低。可以认为，不同年龄猪的死亡率为 0～100％。成年猪感染后常不呈现可见的临床症状或仅表现为轻微体温升高，一般不发生死亡。但有学者曾在美国加利福尼亚州发现过较多成年猪死亡的暴发流行，并认为是由于流行过程中产生了强毒变种的缘故。这种情况是很少见的。对妊娠母猪，尤其是处于妊娠初期，可于感染后 20d 左右发生流产；处于妊娠后期的母猪，胎儿可死于子宫内，引起死产。流产和死产的发生率可达 50％左右。另外，在近年的流行中发现了少数呈瘙痒症状的病猪，这在过去是罕见的。

眼观上，除体表局部病变外，可见脑膜充血及脑脊髓液增量。在病猪的肾皮质层内可见到出血点。主要的组织学变化是弥漫性非化脓性脑膜炎。大脑的灰质和白质肯定都受到病毒侵害，在大脑的神经细胞和星形细胞内能看到核内包涵体。

(二)牛

各种年龄的牛都易感，而且是一种急性致死性的感染过程。奶牛感染后首先泌乳量下降。特征性症状是在身体的某些部位发生奇痒，多见于鼻孔、乳房、后肢和后肢间皮肤。由于病畜强烈地舔咬奇痒部位的皮肤，致使局部脱毛、充血。当瘙痒程度加剧时，病畜狂躁不安，大声吼叫，将头部猛烈地向坚硬物体摩擦，并啃咬痒部皮肤，但并不攻击人畜。在 24h 内，病变部肿胀变色，渗出混血的浆液性液体。病的后期，以进行性衰弱为特征，呼吸和脉搏显著增速，痉挛加剧，意识不清，全身出汗。最后咽喉麻痹，大量流涎，磨牙，卧地不起。病牛多在出现明显症状后 36～48h 死亡。犊牛病程尤短，多在 24h 内死亡。发病牛都以死亡而告终。

(三)绵　羊

病程甚急。初期体温升高(40℃以上)，肌肉震颤。病羊常用前肢摩擦口唇和头部痒处，有时啃咬和撕裂肩后部被毛。这种症状仅持续数小时。继之病羊不食，侧身倒卧，因咽喉部麻痹，流出带泡沫的唾液和浆液性鼻汁。病羊多于发病后 24h 内死亡。山羊也能自然感染，症状与绵羊类似，但病程较长。

(四)马

极少感染。部分感染马仅表现轻度不安和食欲减退；有的则表现为对外界刺激的反应性增高，虽刺激微小也能引起强烈反应。皮肤可能发痒。个别严重病例可在 3d 内死亡。多数病马症状大都轻微，并自然康复。

(五)犬 和 猫

主要表现体表局部奇痒，疯狂地啃咬痒部和发出悲惨的叫声。下颚和咽部麻痹，流涎。虽与狂犬病症状类似，但不攻击人畜。病势发展很快，尤其是猫，可能在出现瘙痒症状前死亡。死亡时间通常是出现症状后 24～36h，死亡率可达 100%。

第五节 伪狂犬病病毒的潜伏感染

一、潜伏感染的特征

潜伏感染(latent infection)是 PRV 的一个最重要生物学特征。潜伏感染阶段，PRV 的 DNA 可以整合到贮存宿主(猪)的细胞基因组中，宿主不表现临床症状，病毒与细胞之间形成长期的“和平共处”状态。在整个潜伏过程中，无感染性病毒粒子存在，但 PRV 基因组存在于细胞基因组内并且病毒基因组的一定区间仍在转录，该基因区段称为 LATs，位于基因组图谱的 0.69～0.77 单位之间，方向与 EP0 和 IE180 的 ORF 相反，采用 RT-PCR 方法可检测到潜伏相关转录物。作为病毒潜伏感染时唯一被转录的基因，LAT 的启动子与病毒其他的启动子有差异，其启动子序列与 UL1-3.5 基因簇的启动子重叠，但转录方向相反。利用报告基因检测 LAT 和 UL1-3.5 的启动子活性，后者不体现起始转录活性，而 LAT 启动子在神经细胞和非神经细胞中都具有转录活性，说明 UL1-3.5 的启动子功能发挥需要病毒或细胞的其他因子的参与，而 LAT 可以自主地转录。在一个潜在的潜伏相关的启动子区缺失 757bp 可以使病毒的毒力大大降低，可能与其在神经组织中活性有关。有报道 HSV-1 能造成大鼠的潜伏感染，也有报道 PRV 在猪的三叉神经节中存在潜伏感染，并检测到在猪的其他组织中也具有这种现象。此后，通过 PCR

检测发现，猪感染 PRV 在很长时间后在扁桃体中可以检测到 PRV 的 DNA，表明 PRV 的主要潜伏部位在三叉神经节、嗅球和扁桃体内。当机体受到外界不利因素如应激和免疫抑制剂等作用时，处于潜伏状态的 PRV 可被激活产生有感染性的病毒粒子，引起有明显临床症状的复发性感染，并不断向外排毒造成本病的暴发，这也是目前消灭和根除伪狂犬病的主要困难所在。所以，伪狂犬病毒的潜伏感染深受人们的关注。无论是自然感染猪还是人工感染猪都能建立起潜伏感染，这已经为许多研究者所证实。

PRV 有高度的嗜神经性，常潜伏部位主要是三叉神经节和嗅球，病毒被激活后则沿着神经干向中枢神经系统（Central Nervous System，CNS）扩散，引起神经系统功能紊乱，从而出现典型的神经症状，这一点已经通过人工感染家兔得到了证实。

二、潜伏感染的检测

潜伏感染的检测以前常用体外移植试验，从活体无菌收集活组织，用化学物质如地塞米松处理活化，然后接种到单层细胞培养物中，分离活化的病毒，这种技术检测潜伏感染受多种因素如病毒毒株、接种量、接种途径和猪的免疫状态等因素的影响，并且在猪场收集这样的样品较困难，所以这种方法实际价值不大。随着分子生物学的发展，许多新技术的应用加速了对 PRV 潜伏感染的研究。自第一次报道采用 DNA-RNA 杂交检测 PRV 的潜伏感染以来，许多学者相继报告了印迹杂交、斑点（Dot）杂交、原位杂交等方法对 PRV 潜伏感染的研究，这些方法费时费力且敏感性低。PCR 技术的出现为研究 PRV 的潜伏感染提供了极为有用的工具，研究表明：

PCR 是检测潜伏感染的一种敏感实用的方法。各种疫苗的广泛使用对控制伪狂犬病起到了积极的作用，尽管 PRV 弱毒活疫苗(MLV)和野毒(WT)都能在猪体内建立潜伏感染，但弱毒活疫苗株在三叉神经节的定居可以干扰甚至阻止随后的野毒感染；先用 PRV 弱毒活疫苗免疫再用强毒攻击，利用定量 PCR 检测猪的三叉神经节内野毒潜伏的病毒量，结果表明，预先潜伏在三叉神经节内的 MLV 病毒量与强毒攻击所建立的潜伏水平之间呈负相关，强毒的潜伏量显著减少，并且强毒激活散毒也明显减少；弱毒活疫苗的肌内注射接种与鼻内接种相比，肌内注射接种弱毒活疫苗能更有效阻止强毒的潜伏感染，表明 PRV 弱毒活疫苗的应用使强毒潜伏感染和再激活的可能性大为降低。

最近，对 PRV 神经嗜性所必需的病毒蛋白进行了详细的分析。用小鼠、豚鼠和猪所做的实验表明神经嗜性的关键蛋白之一是 gE。缺失 gE 可大大致弱 PRV，但并不影响缺失毒经鼻内感染鼠或猪后在鼻腔上皮的最初复制。gE 对病毒进入初级神经元也是非必需的，但严重阻断病毒经突触传递到上一级神经元内，从而极大地限制了病毒的嗜神经性。gE 和较次要的 gI 是发挥这种嗜神经性的主要非必需性糖蛋白。其他那些在细胞培养上对病毒在细胞之间传播所必需的蛋白对病毒在动物体的神经元之间的传播也是必要的，包括 gB 和 gH。因为在细胞培养时，gD 对于细胞间的突触传递是非必需的，但对病毒进入最初感染的靶细胞是必需的。因此，表型 gD 互补的 gD^- PRV 在最初感染复制后可侵入中枢神经系统，并可在鼠建立潜伏感染。

PRV 特殊的神经传播特性启发了神经解剖学家利用这种病毒示踪神经之间的相互联系。几个在 CNS 中有限增殖的 PRV gE 缺失突变株已被应用于此项研究。通过向 PRV 突变株中插入所表达蛋白易于鉴别的标记基因如β-半乳糖苷酶基因或绿色荧光蛋白基因可便于鉴定被感染的细胞。最值得注意的是,用成对的不同基因型和表型的 PRV 突变株能同时示踪不同的神经通路。

第六节 伪狂犬病病毒的研究进展

有关伪狂犬病病毒的研究,主要集中于其糖蛋白和某些非结构蛋白,其中对各糖蛋白的作用和功能研究最清楚,并以此研制出了相应的基因工程疫苗。

一、伪狂犬病病毒的糖蛋白

PRV 的糖蛋白既是动物免疫系统识别的主要靶抗原,又是病毒感染细胞时与细胞相互作用的重要因子。目前,在伪狂犬病毒中已发现了 11 种糖蛋白(gB,gC,gD,gE,gG,gH,gI,gK,gL,gM 和 gN),这些糖蛋白中除 gG 分泌到细胞间质外,其他均定位于囊膜上,是病毒的囊膜蛋白和结构成分。gC,gE,gG,gI,gM 和 gN 为病毒的复制非必需基因,它们的缺失不影响病毒在体外的复制,但 gB、gD、gH、gK、gL 是 PRV 复制所必需的。糖蛋白在病毒吸附、穿膜、释放、膜融合、细胞扩散、神经入侵能力和毒力等方面均有密切关系。

gB 是 PRV 囊膜的主要组成成分之一,也是 PRV 的主要免疫原性成分之一。gB 能够刺激机体产生补体依赖性和补体非依赖性的中和抗体。利用纯化的 gB 糖蛋白给小鼠鼻腔免疫,可诱导呼吸道局部分泌 IgA 和 IgG,并对鼻腔致死剂量 PRV 的攻击具有保护作用。gB 在病毒的增殖和感染过程中也具有极为重要的作用。缺失 gB 基因的 PRV 只能在表达 gB 蛋白的细胞系上增殖。无 gB 蛋白存在时，细胞外的病毒粒子因无法与细胞膜发生融合而不能进入细胞；同时，细胞内的病毒粒子也不能完成从细胞到细胞的转移过程。gB 基因在疱疹病毒成员中属最保守的糖蛋白基因，不同的疱疹病毒之间，gB 蛋白的功能可相互取代。

gC 是 PRV 重要的免疫源性成分之一，它可刺激机体产生补体非依赖性的中和抗体，gC 也能激活细胞免疫应答反应。gC 基因是 PRV 增殖的非必需基因，但 gC 蛋白在介导病毒吸附的过程中具有重要作用。gC 基因缺失以后虽并不影响增殖，但可导致病毒的感染效率降低 50～100 倍。

gD 蛋白是成熟的 PRV 粒子囊膜表面的主要糖蛋白和主要免疫源性成分之一，抗 gD 的抗体是主要的中和抗体。从病毒粒子上分离纯化的 gD 蛋白或表达 gD 蛋白的重组病毒均可刺激动物体产生保护性免疫应答反应，注射编码 gD 基因的核酸疫苗亦可产生同类效果，gD 蛋白在病毒增殖过程中和细胞到细胞间的转移过程中均非必需。但 gD 基因的缺失会降低病毒的感染力。

gM 和 gN 基因在疱疹病毒科中是保守的糖蛋白基因，gM 与 gN 蛋白以聚合物形式存在。gM 是 PRV 增殖的非必需基因，缺失 gM 基因后，病毒在组织培养细胞上的增殖滴度略有下降，病毒入侵细胞的过程被延长，对猪的毒力显著降低。gN 基因的缺失对病毒的增殖影响不大，但同样会延缓病毒入侵细胞的过程。这说明，病毒入侵细胞过程延缓的原因可能来源于 gM 和 gN 或两者的共同作用。

gH 和 gL 蛋白通过非共价键结合形成复合物，如果 gH 被插入失活的 PRV 中，gL 也将从病毒囊膜上消失，gH 的表达则将使这一复合物的重新出现。gH 是个高度保守的糖蛋白，它是 PRV 的结构组成成分之一。gH 突变株的表现型与 gB 突变株的表现型相似，它们都是病毒粒子侵入细胞和病毒在细胞与细胞间直接传播所必需的。

gE 和 gI 基因均为 PRV 增殖的非必需基因，成熟的蛋白质形成 gE/gI 复合体，均为 PRV 病毒粒子的囊膜成分。gE 的胞外区暴露在病毒粒子的表面，是机体免疫系统识别的靶抗原之一。利用单抗分析 gE 的抗原表位发现，gE 至少存在 6 个抗原表位：A，B，C，D，E，F。其中 A，C，E，F 为构象依赖型抗原表位，B，D 为连续性抗原表位。对猪体中产生的 gE 抗原表位特异性抗体的情况进行研究后发现，用野毒感染 gE 缺失苗免疫的猪群，猪产生的抗 gE 的抗体中，多数的是针对 E 表位，针对 C 和 D 表位的次之，针对 A，B，F 表位的最少。抗 gE 的抗体对病毒几乎没有中和作用。注射 gE 缺失苗的猪群可以抵抗野毒的感染。在猪和小鼠的实验中，gE 不是细胞毒 T 淋巴细胞的靶抗原。PRV gE 基因的功能与 gI 基因是密切相关的。gE 和 gI 的功能都是以异源二聚体的形式表现出来的。gE 可促进病毒在细胞间的传播，在体外组织培养中，通常用形成的空斑大小来衡量病毒在细胞间的传播效率。gE 基因缺失的突变株在很多培养细胞系上形成的空斑明显小于野生型病毒形成的空斑。大量的研究表明 gE 是 PRV 的重要毒力基因之一，gE 基因的缺失可导致 PRV 对大多数敏感宿主的毒力下降。gE 编码区的缺失严重影响 PRV 对猪的毒力，3 周龄的仔猪感染野生型 PRV 后死亡率常为 100%，而 gE 缺失的 PRV 对该年龄段仔猪基本不致病。gE 或 gI 蛋白的缺失影响 PRV 的神经嗜性，PRV 缺失 gE 或 gI 不影响病毒的逆行传播，即感染神经元轴突末端向细胞体传播；但是限制病毒在神经元中的顺行传播,即感染某些神经元的细胞体之后不能向轴突的方向扩散。gE/gI 复合体具有猪 IgG Fc 受体活性,这种活性在介导被感染细胞质膜上病毒糖蛋白成帽反应(加入 PRV 的高免血清)时具有重要作用。gE 缺失或 gE/gI 双缺失都严重抑制成帽反应,gI 单缺失突变株虽没有改变成帽细胞的比例,但严重降低了帽子的聚集程度。未免疫 PRV 的猪 IgG 孵育 PRV 感染的细胞抑制 Fc 受体的活性之后,由抗 PRV 的特异性诱导的成斑成帽反应大幅下降。

gG 蛋白是个分泌糖蛋白,Thomas 等 1985 年首次报道了伪狂犬病病毒 Rice 株的 gG 基因全序列,gG 基因长1 497bp,编码 498 个氨基酸,gG 蛋白预计分子量为 53kD,但它在大肠杆菌中表达产物的分子量为 72kD。将 gG 基因转入 CHO 细胞中表达,结果先在细胞中发现 115kD 的 gG 表达前体,30min 后在细胞和培养基中发现 89~99kD 的表达前体。用糖苷酶 ENDO-H 对 90kD 的表达产物进行处理,它就变成了分子量为 72kD 的蛋白质。从 115kD 的表达前体到 90kD 的转变是通过蛋白酶的水解完成的,从 90kD 到 72kD 则是通过去糖基化形成的。gG 基因的启动子是强启动子,利用它构建了 gG^{-} β-半乳糖苷酶表达盒,该表达盒含有:gG 基因的上游调控序列(含启动子),gG 基因的前 7 个密码子,β-半乳糖苷酶的完整读码框,以及 gG 基因 3'端第二个 BamH I 位点到终止密码间的序列。gG 基因的强启动子保证了融合基因的高效表达,使得含有该表达盒的突变株可通过明显的蓝白斑得以区分,成为快速筛选 PRV 突变株的插入标记之一。

二、伪狂犬病病毒的非结构蛋白

非结构蛋白包括 pK、11k、28K、TK、UL11、UL20、

UL21、UL25、UL39、UL40、UL41、UL43、UL50、UL52、UL54 等基因编码的产物，这些非结构蛋白诸如胸苷激酶、DNA 结合蛋白(DBP)、DNA 多聚酶、脱氧尿苷酶、DNA 解旋酶、核背酸还原酶、DNA 聚合酶等。它们参与完成的功能包括基因调节、使宿主细胞的复制中止、宿主细胞的裂解和病毒的包装、细胞出芽及与复制起点结合等。另外，非结构蛋白对病毒的毒力强弱有直接的影响，通过建立 TK 基因的缺失株的研究发现，TK 基因的缺失将直接导致病毒的毒力明显降低甚至丧失。关于非结构蛋白方面功能的报道在国内尚不多见，国外对这方面的研究要深入得多。

第三章　猪伪狂犬病的流行病学

第一节　宿主及传染源

一、贮存宿主

通过大量的实验研究，证明猪和鼠类是自然界中病毒的主要贮存宿主，也是引起其他家畜发病的疫源动物。也就是说，其他家畜是由于接触这两种带毒动物或病死尸体而感染发病的。

二、传染源

病猪、带毒猪以及带毒鼠类为本病的重要传染源。不少学者认为，其他动物感染本病与接触猪、鼠有关。

一般认为，牧场之间较长距离的传播，鼠类的作用可能更大。对挪威野鼠在感染和传播本病的作用进行的研究表明，从口服接种的 297 只野鼠中的 169 只、从经鼻接种的 263 只野鼠中的 170 只分离出了病毒，并发现大多数感染鼠在病死前因严重瘙痒而导致外伤。病毒分离试验表明，病毒主要存在于神经组织、呼吸道黏膜、唾液腺和下颌淋巴结内。这同前人的结果基本一致，认为鼠类传播病毒的主要途径是病死尸体被家畜吞食，但也不排除病鼠口、鼻分泌物污染饲料的可能性。

猪既是本病的原发感染宿主，又是病毒的长期贮存和排出者，在伪狂犬病的传播上起着甚为重要的作用，此点已为大家所公认。除了在自然条件下通过吃食病死鼠的尸体使猪感染发病外，据国外很多研究者的资料证明，在大量饲喂残剩废弃食物的猪场，经常造成本病的暴发流行。用血清中和试验检查加利福尼亚州 9 个饲喂残剩废弃食物的猪场，其中 8 个猪场的部分猪的血清中含有病毒中和抗体，表明有本病存在。而在同一地区饲喂谷物的猪场，则未检出有血清反应阳性的猪。本病一旦在大型猪场发生，很难根除。感染耐过猪或呈亚临床感染的成年猪，长期带毒和排毒。很多实验观察表明，带毒可长达半年之久，以肺和肝的带毒率最高，脾、肾和膀胱居次。

牛、羊等其他家畜的感染是由猪和鼠类传播的。因此，要避免牛、猪混牧、混饲，大力消灭鼠类。研究发现，潜伏感染猪的鼻分泌物中含有病毒，并能引起接触感染。将这种分泌物涂于牛皮肤擦伤处或牛被猪咬伤，均能引起牛发病。如在美国，牛伪狂犬病主要发生于西部的育肥牛群，这里有利用喂牛的残剩饲料养猪的习惯，造成牛、猪经常接触的条件，致使牛群经常发生本病。但近来一些美国学者认为，美国本病的流行模式已有变化，牛已不再是本病毒的终末宿主，因为看到了牛传染给牛和牛传染给猪的自然实例。这种情况虽不多见，但引起了人们的注意。

第二节　易感动物及传播途径

一、易感动物

本病可自然发生于猪、牛、绵羊、犬、猫、野生动物中，鼠可自然发病，其他如水貂等亦可发生。实验动物中兔最敏感，小鼠、大鼠、豚鼠等亦均能感染。未证实人可发生本病。

二、传播媒介

据推测，群内和群间 PR 病毒更有可能是通过空气、水或污染物(尤其是从 PRV 潜伏感染的农场搬运饲料或垫草)。与无囊膜 RNA 病毒相比，PR 病毒的存活力相对较差。在潮湿以及 pH 值 6～8，气温凉爽而无波动的环境中 PR 病毒最稳定。温度 4℃～37℃，pH 值为 4.3～9.7 时，PR 病毒 1～7d 失活。病毒对干燥，尤其是阳光直射的环境中，具有很高的敏感性。表 3-1 归纳了 25℃时，悬浮于猪唾液和黏附于潮湿污染物的 PR 病毒，由感染度降至无感染度所需要的时间。另外一些实验表明，低温一般指低于 40℃，PR 存活时间长，但温度起伏不定时，甚至低于 0℃，则 PR 病毒不稳定。处理废弃物，清扫和消毒污染的圈舍，以及维护猪场的生物安全性时，应充分考虑 PR 病毒在宿主体外存活的影响因素。

表 3-1　黏附于污染物的 PRV 存活时间

污染物(25℃)	唾液中 PRV 感染度的维持时间(d)
无污染物对照实验	4
钢	4
混凝土	4
塑料	3
橡胶	2
工作服	<1
沃土	7

续表 3-1

污染物(25℃)	唾液中 PRV 感染度的维持时间(d)
青　草	2
去壳玉米	4
猪颗粒料	3
肉和骨粉	2
苜蓿干草	<1
垫　草	4
锯　屑	2
猪饲料	2
井　水	7
氯消毒水	2
流动的厌氧礁湖	2
猪圈内洼积液	<1

美国和欧洲国家偶尔有关气源性远程传播地方性疫病的报道。传播距离远达数十千米的这种传播有时是因为强烈的大气运动,如飓风沿途。实验表明,空气相对湿度为 55%或更高时,PR 病毒在气溶胶中的感染度可维持 7h 以上。感染性唾液或鼻黏液颗粒可以短距离携带病毒,如果病毒被包裹成粒核,在实验存活期内则能远距离传播。

所有影响 PR 病毒存活和传播的因素都归属于区域性传播因素。根据 1994～1997 年 3 月份的调查,发现在被调查的 PR 暴发中 1%是因污染饲料和垫草的搬运而引起的;38%尚不能确定是因为伴侣动物、野生动物、卡车和其他车辆、人、昆虫等在畜群间的移动，还是因为空气和水的流动而致；39%的感染源不清。

美国PR根除方案研究中，统计了PR感染和非感染畜群的生产状况以及经济影响，统计指标包括断奶前，护理期育肥猪，育成猪死亡率，种猪死亡率，饲料转化，人力，兽医和生物/药用花销。统计结果为，畜群感染PR后收益降低6美元/100千克体重。实验室和田间试验都已证明PR野毒间，野毒和活苗毒株间有重组现象。欧洲只有少数田间证明流行的野毒含有疫苗株的重组成分。

已证明，地方防制小群内清除感染时，使用基因工程致弱活毒苗及相容的血清学试验来区分疫苗抗体和野毒感染诱导产生的抗体是必要的。尽管灭活和一些TK基因缺失活毒苗通常仅用于猪，但它们对牛和绵羊也是安全的。由于基因工程苗能提供给猪相对较长的保护期，因而它们能在数月内有效减少疾病传播，降低发病率，缩短潜伏感染活化后的排毒期。猪在接种基因苗后几周至几个月内对野毒感染的抵抗力增强，尤其是鼻内免疫时，但动物感染野毒后会出现短期排毒和隐性感染。加强免疫程序，必须同时按规定监测，淘汰和更换感染动物，以防止猪群内（一般指种群内）未感染动物接触感染动物，以提供有效的生物安全保护。

三、感染门户

本病可通过直接接触而感染，猪、犬、猫常因吃病鼠、病猪内脏经消化道感染。鼠可因吃进病猪肉而感染。本病亦可经皮肤伤口传染。猪配种时亦可传染本病，曾有人从感染猪的包皮和阴道分离到病毒，证实本病可通过交配传播。一些研究者曾从猪的粪便和尿中分离到病毒。曾有人从15头感染母猪中的 6 头的乳汁中分离到病毒，表明可能通过乳汁感染其后代。PRV 可通过胎盘而传递给子代，而母体免疫球蛋白却不能通过胎盘屏障，所有病毒对胎儿的感染是致命的。

到目前为止，所有的哺乳类家畜对 PR 都易感，可由猪直接传染至其他家畜的黏膜，或破损皮肤，引起神经症状，感染处伴有剧烈瘙痒。或通过其他家畜吸入气溶胶间接感染，引起发展迅速的脑病。这些感染的动物来不及排毒，威胁其他的猪只，在出现临床症状的第二天毫无例外地死亡。也就是说，它们是终末宿主。绵羊有很高的敏感性，因而与病猪接触过的绵羊无意间充当了畜群中激活或重新激活隐性感染的敏感动物。猫高度易感；狗、浣熊和臭鼬中度易感；大鼠和小鼠无论对食入死猪尸体直接感染，还是对吸入病毒气溶胶或食入污染饲料污染水间接感染，其敏感性均较差。这些动物感染后的潜伏期短，约 3d；临床症状的特征为发展迅速的脑炎，伴有不同程度的瘙痒，一般 2～3d 内动物必然死亡。实验动物中家兔、豚鼠、小鼠都易感，其中以家兔最易感。该病毒潜伏期和临床症状期短，使本病的传播一般只限于某个农场。猪通过食入污染饲料、水或动物尸体而感染。比较少见的传染方式有：狗将死于 PR 的猪的尸体从一处拖到另一处，或死于 PR 的啮齿类动物尸体无意间被磨碎混于猪饲料中，或隐藏于感染农场的垫草中。

家畜或观赏鸟传播 PR 病毒的田间证据和实验室证据都很少。鸟经口感染该病的实验未成功。在外界污染的饲料很快失去感染能力。昆虫在地方疾病传播中的作用尚未证实。尽管给家蝇人工饲喂 PR 病毒后。PR 病毒在肠道内仍有活动，10℃时半衰期为 13h，30℃时半衰期为 30h。但由病毒感染蝇将 PR 人工传染至易感猪的角膜和破损皮肤处，其实验结果不稳定，一般为阳性。

伪狂犬病病毒可由绵羊向猪水平传播。用 $10^2 \sim 10^5$ $TCID_{50}$ 剂量(半数细胞培养感染量)PRV 给 8 只 2 月龄美利奴绵羊鼻内接种。电镜检查表明 PRV 在呼吸道黏膜的上皮细胞内复制。虽然在鼻分泌物中持续排出病毒，没有向接触的羔羊水平传播，在接触的存活羔羊未检出 PRV 抗体，并且对 PRV 攻击易感，但病毒能传播给与接种羔羊接触的易感猪。在 5 头与接种羔羊接触的猪中，有一头出现伪狂犬病的特征性临床症状，发生了非化脓性脑脊髓脑膜炎，并从脑、鼻分泌物和其他一些器官中回收到 PRV。对回收的 PRV 作 DNA 的限制性酶分析，证实其为绵羊源的 PRV。另外，另 4 头接触猪均呈现血清阳转。因此认为，绵羊的 PRV 是感染猪的一个可能来源。但是，没有证实在绵羊中的水平传播。

犬和猫主要是由于吃了死于本病的鼠、猪和牛的尸体而感染，同时也能成为本病的传播者。

第三节　猪伪狂犬病的流行特点

一、分　布

伪狂犬病在全世界呈广泛分布。因此该病对养猪业危害极大，给全球养猪业造成了巨大的经济损失。在欧美等西方国家，通过使用基因标记疫苗和相应的鉴别诊断方法，已很好地控制或根除了该病，但包括我国在内的多数发展中国家，该病仍频繁发生。

二、流行特点

本病一年四季都可发生，但以冬、春两季和产仔旺季多发，这时正是野外缺乏食物，大批鼠类移居到牧场觅食的时期，看来这不是一种无缘故的偶合。

未获得自然免疫保护的猪群第一次暴发 PR，会带来灾难性的后果。PR 在 1 周内传播至全群动物，导致 90%以上的哺乳仔猪死亡，护理期仔猪生长迟缓，根据感染的毒株和暴发严重程度不同，老龄猪出现热性呼吸道疾病，妊娠母猪流产。PR 病毒自鼻分泌物和唾液中排出，在空气中形成气溶胶，随气流迅速传播至同一猪场或邻近猪场的易感猪群。病毒也可经胎盘、阴道黏膜、精液和乳汁传播。PR 暴发后，所有存活的恢复期的动物必然经历长久的隐性感染。如果在亚临床期或发病早期存在呼吸道感染源，如放线菌性胸膜肺炎或猪流感病毒，则暴发后果更加严重。

很多措施可以避免首次感染 PR 病毒而造成的严重后果。种畜接种基因工程缺失苗，母猪和后备小母猪不会出现急性临床症状。猪群经鼻内或肌内接种疫苗毒后，根据野毒感染的情况，仍有可能被感染，成为隐性带毒动物。未经自然免疫的动物感染后，临床症状的进程取决于感染的病毒株；种畜的妊娠期，空气、水和饲养管理系统；畜群大小和年龄，畜群的整体健康状况；饲养过程中的卫生条件。做好以上措施，免疫母猪或后备母猪及哺乳猪几乎可以免受大规模暴发的影响。

猪群感染 PR 的特征是，初次感染后若出售潜伏感染的猪群，畜群恢复正常生产，但种畜仍为隐性感染。应激可以重新激活隐性感染，但若按每年接种 3～5 次加强免疫，可以减少排毒机会，降低排毒量，缩短排毒时间。只有通过将小猪场内种猪全部更换，代之以 2 年或更短时间内接种过的后备母猪，方能达到地方性根除的目的。平时，应按规定严格清除群内感染动物，并实行保护性免疫，如种畜加强免疫。如果育成猪感染，则在 10～16 周龄期间接种 1～2 头份疫苗。淘汰血清呈阳性的种猪，代之以未感染后备母猪，采取强有力的生物安全和卫生措施，全进全出制度，根据年龄隔离猪群，限制闲散人员的进出和活动都很重要。应每 6～12 个月清除 1 次畜群，持续至动物不可能再重新感染。

引起感染和重新感染的原因可能是邻近的感染猪群、排毒的猪群或新引进的猪群。美国对 1994、1997 年 3 月份期间最后被确认感染的 300 头猪的地方病调查表明，20％的感染猪是由引进的，感染的种猪和育肥猪传播的，2％是通过与野猪接触而传播的。美国的监测报告表明 13 个调查地区中 11 个地区的野猪呈 PR 血清阳性，来自佛罗里达州的 11 个发病区的 1 662 份血清样品中，34.8％至少对一种检测方法呈阳性，在德国用 ELISA 方法检测，发现了 13/640 份阳性血清。

三、影响流行的因素

构成传染病的流行过程，必须具备传染源、传播途径及易感畜群 3 个基本环节。只有这 3 个基本环节相互连接，协同作用时，伪狂犬病才有可能发生和流行。这些影响因素包括自然因素和社会因素。

例如，在不断引进新的易感猪的发病猪场，经反复多次血清中和试验检查，发现约有 50％的新引进的猪转为阳性，表明这些猪已发生过亚临床感染。这样，病毒就可以循环不断地长期存在于感染猪场，除非连续多次检查并全部清除血清反应阳性的猪，否则不可能达到净化目的。在暴发流行中观察到，当病毒连续通过大量易感猪自然传代时，往往出现毒力增强的突变株，病猪表现严重的神经症状和失明，死亡率显著增高，部分成年猪也能死亡。这种情况多见于冬季，可能与气温等因素的影响有关。鼠和猪两种动物到处都有，只要其中一种动物，就可使本病连续不断地在自然界传播下去。曾有报道，感染本病的灰鼠，约有 20% 耐过，但其排毒期长达 131d。是否还存在病毒的其他宿主，目前尚不清楚，因为有时在隔离猪群或与猪没有接触史的牛和羊也能发生本病。因此，传染源的控制情况，易感动物的免疫状况和抵抗力大小，以及是否执行严格的防制措施等，都会影响本病的流行。

总之，猪伪狂犬病流行病学的关键点如下。

易感动物：猪、牛、羊、犬、猫、兔、鼠等多种动物，都可自然感染发病。

传染源：病猪、带毒猪及带毒鼠类是本病重要的传染源。

传播途径：除猪可经直接接触或间接接触发生传染外，其他家畜主要是由于吃食病尸或病畜污染的饲料后经消化道感染；此外，本病还可经呼吸道黏膜破损处和配种等发生感染。

流行特点：本病一年四季都可发生，但以冬、春两季和产仔旺季多发。

第四章　猪伪狂犬病的临床症状与病理变化

第一节　临床症状

猪伪狂犬病的临床表现主要取决于毒株的毒力和感染量，最主要的是感染猪的年龄。与其他动物的疱疹病毒一样，幼龄猪感染 PR 病毒后病情最重。病毒嗜亲呼吸和神经组织，因此，大多数临床症状与两个系统的功能障碍有关，神经症状多见于哺乳仔猪和断奶仔猪，呼吸症状见于育成猪和成年猪。

不同猪群感染 PR 病毒后的反应可能明显不同。本病可能迅速传播，感染同一农场内各年龄段的猪群，猪群表现明显，或表现不明显，只有进行血清学检测时才可发现。无新生仔猪，即处于分娩间隔期的猪群感染了 PR 时，经常表现不明显。有新生猪的猪群第一次感染 PR 病毒，症状很少不明显，这是因为新生仔猪高度易感。种猪和圈舍隔离的育成猪感染不明显，只表现为轻微的呼吸道症状，这种症状易被忽视或误诊为其他病，如猪流感。

分娩至育成猪群最先出现的临床症状，根据首次感染猪群年龄的不同而不同。最初症状一般为少数后备小母猪或母猪流产，或育成猪咳嗽、倦怠、厌食或哺乳仔猪被毛粗乱，24h 内出现共济失调和抽搐。出现上述症状中的任何一种，务必马上诊断，因为暴发前早期免疫可以大大减少损失。

新疫区病猪症状严重、明显，老疫区多呈隐性感染。猪群感染伪狂犬病后典型临床表现为：初期妊娠母猪（初产或经产母猪）流产；育肥猪咳嗽，精神沉郁，厌食；哺乳仔猪被毛蓬乱无光，精神沉郁，厌食，24h 内共济失调、痉挛。

一、新 生 猪

哺乳猪感染后的潜伏期一般很短，只有 2～4d。出现严重的临床症状前，哺乳猪精神沉郁、倦怠、厌食和发热（41℃）。有些仔猪出现临床症状的 24h 内，会表现中枢神经系统（CNS）症状，开始为震颤，唾液分泌增多，运动障碍共济失调和眼球震颤，发展至角弓反张，突然发作癫痫。有的病猪因后肢麻痹呈犬坐式，有的转圈或侧卧做划水运动，有的呕吐和黄色水样腹泻，呼吸困难，腹式呼吸明显，有时有奇痒，但这些症状并非一成不变。有 CNS 症状的猪一般在症状出现 24～36h 后死亡。哺乳仔猪的死亡率很高，可高达 100%。母猪对 PR 病毒的免疫状态不同，哺乳猪的临床表现也不同，如整窝仔猪有临床症状，或同窝某些仔猪有临床症状，而邻窝或同窝内其他仔猪正常。如果易感母猪或后备母猪临近分娩时感染，所产仔猪虚弱，很快出现临床症状，出生后 1～2d 死亡。

二、断 奶 猪

幼龄断奶猪（3～9 周龄）的临床症状与哺乳仔猪相似，但症状较轻微，少数猪出现严重的中枢神经症状，该症状必然导致休克和死亡。PR 严重暴发时，3～4 周龄仔猪死亡率达 50%，大龄断奶猪感染 3～6d 后，表现倦怠，厌食和发热（41℃～42℃）。一般有呼吸症状，特征为打喷嚏，鼻有分泌物，呼吸困难，发展至严重咳嗽，出现这些症状的猪体质明显恶化，体重明显减轻。症状持续5～10d，大多数猪退热，恢复食欲后迅速痊愈。出现CNS症状的猪一般死亡，出现PR病毒性呼吸道感染的猪，继发或同时感染细菌时如多杀性巴氏杆菌或放线菌性胸膜肺炎一般也死亡。但是5～9周龄的猪感染后若能精心护理，及时治疗继发感染，死亡率通常不会超过10%，现实中死亡率更低。存活的重病猪，尤其是出现了CNS症状的猪常常生长缓慢，有时有永久性症状，如头部倾斜。这些猪体重增至可以出售的时间比其他猪长1～2个月。

三、育肥、育成猪

育肥、育成猪PR的特征症状为呼吸症状，发病率一般很高，达100%，但无并发症时，死亡率低，为1%～2%。患病猪有CNS症状，但只是散发，症状从轻微的肌肉震颤至剧烈抽搐不一。一般感染3～6d后出现临床症状，特征为动物热性反应，精神沉郁，厌食轻度至重度呼吸症状，发展至鼻炎后，表现打喷嚏，鼻有分泌物，进而发展至肺炎，病猪剧烈咳嗽，呼吸困难，尤其是猪被迫移动时。这些猪形体消瘦，严重掉膘。症状一般持续6～10d，病猪退热恢复食欲后可迅速康复。尽管育肥、育成猪康复后的增重可以弥补患病期间的减重，但它们的生长周期至少延长1周。如果PR病毒感染后，继发有放线杆菌性胸膜肺炎，损失明显或加重。据报道，PR病毒抑制肺泡巨噬细胞的功能（Iglesias等，1989），从而减弱了这种防御细胞处理和破坏细菌的能力。

四、成年猪

母猪和公猪感染后的症状本质上主要是呼吸症状，形成与育肥或育成猪很相似。妊娠小母猪流产。在分娩至育成过程中，可能出现首次临床症状。妊娠母猪在妊娠前期 3 个月内感染 PR 病毒，胚胎会被吸收，母猪重新进入发情期。妊娠中期 3 个月或妊娠末期 3 个月因 PR 而引起的繁殖障碍，一般表现为流产或死胎，临近足月时，母猪感染则为弱胎。母猪或后备母猪接近分娩期感染时，则所产仔猪出生时就患有 PR，1～2d 死亡。PR 病毒可以通过胎盘屏障，感染和杀死子宫内的胎儿，导致流产。庆幸的是，繁殖障碍很少发生，一个农场内妊娠母猪的发病率为 20%或更低。感染 PR 病毒的后备母猪、母猪和公猪死亡率很少超过 2%。

五、猪伪狂犬病发病新特点

目前在生产中，由于普遍接种疫苗，典型暴发型的伪狂犬病越来越少见，发病规律有所变化，临床多表现为隐性带毒和温和型发病，猪群处于亚健康状态；母猪表现为返情、复发情比例提高，母猪生产性能下降，弱仔、死胎比例提高；新生仔猪散发性神经症状、呼吸困难、排黄色水样稀便；保育猪咳嗽、腹泻，抗应激能力减弱，继发感染增多；生长猪咳嗽、呼吸困难，继发呼吸道病加重，病残猪比例提高，生长速度减慢，料肉比提高。

第二节　病理变化

一、发病机制

伪狂犬病病毒的形态发生过程是经过猪伪狂犬病毒的吸附和传入、核内的基因转录过程、病毒的合成并以出芽方式穿过核内膜而离开细胞核。

其发病机制是根据毒株、感染猪的年龄、接种物的数量和感染途径不同，发病机制有所不同。随着年龄的增长，动物对临床症状恶化的抵抗力随之增强。成年动物对弱毒株无临床表现，病毒的复制只局限于感染处。人工复制临床病例时，需要最少量病毒，但在田间，极少量的病毒就能引起猪发生血清转阳，甚至成为隐性带毒猪而不引起畜群出现任何临床症状。鼻内人工接种感染时，不足 2 周龄的猪感染量为 10$TCID_{50}$，6 周龄的猪感染量为 10^3 $TCID_{50}$，4 月龄或更大的猪感染量为 10^4 $TCID_{50}$。

实验室里，可以通过以下途径使猪接种后感染病毒：肌注、静注、脑内、胃内、鼻内、气管内、结膜内、子宫内、睾丸内接种和口服。鼻内接种的临床症状的病变与自然感染相似，经口鼻内接种途径在田间应用最普遍。

自然感染途径主要为呼吸道，而自然发病时，病毒复制的主要部位是鼻咽上皮和扁桃体。病毒随这些位置的淋巴液扩散至附近的淋巴结，在淋巴结内复制。病毒也可以通过原发感染位置的神经扩散至中枢神经系统。

MDBK（牛肾细胞）细胞感染 PRV 后，可以产生典型的细胞凋亡。在感染的早期，PS（磷脂酰丝氨酸）从细胞膜的内表面向外表面转移。Caspase 3-like 蛋白酶的活性被诱导并随感染时间的延长而增强，宿主 DNA 发生降解，电镜观察显示细胞染色质浓缩并向细胞核边缘富集。利用鼻腔接种 PRV 造成猪的急性感染，取三叉神经节组织经免疫组化和原位杂交研究证实，在炎性浸润的淋巴细胞中有典型的细胞凋亡发生，而神经组织细胞未发生凋亡。这表明伪狂犬病病毒除了通过抗体介导的内吞作用逃避宿主的免疫防御之外，可能还通过诸如诱导免疫细胞凋亡的途径导致免疫抑制，这仍有待于进一步研究。

二、眼观病理变化

肉眼一般看不到病变或病变很轻微。如果出现眼观病变，可结合畜群病史和临床症状，做出初步假定诊断。一般可见浆液性纤维坏死性鼻炎，但只有劈开头骨暴露整个鼻腔后才能观察到。病变会蔓延至喉，甚至波及气管。常见扁桃体坏死，形成坏死结节，伴有口腔内和上呼吸道淋巴结肿胀出血。下呼吸道的眼观病变为肺水肿，至肺散在性小叶性坏死、出血和肺炎等病变，脑出血、水肿、发育不良，肾脏点状出血。

泪液过多，眼周沉积大量渗出物造成角结膜褪色，使动物常患有结膜炎，白种猪更明显。肝脏和脾以及浆膜面下一般散在有黄白色疱疹样坏死灶（2～3mm）。这类病变最常见于缺乏被动免疫的幼龄猪。

新流产的母猪有轻微的子宫内膜炎，子宫壁增厚，水肿。检查胎盘，可见坏死性胎盘炎。流产胎儿新鲜，浸渍，偶见有干尸体胎。感染窝内可能会出现部分仔猪正常，另一部分虚弱或出生时死亡。感染胎儿或新生猪的肝脏和脾脏一般有上述的坏死灶，肺和扁桃体有出血性坏死灶。有流产史以及坏死灶可为 PR 的预诊提供有力的证据。公猪生殖道见于报道的唯一的眼观病变为阴囊炎。

据报道，青年猪空肠后段和回肠发生坏死性肠炎。

三、镜观病理变化

镜观病理变化常见于 CNS，延续时间长达数周（感染后12～24 周）。无临床症状的猪可能也有镜观病理变化，但流产胎儿一般没有。病变特征为非化脓性脑膜脑炎和神经节炎。白质和灰质都有病变,病变的分布取决于病毒进入 CNS 的途径。感染区的特征为出现以单核细胞为主的血管套和神经胶质结节。少数粒细胞可能与单核细胞混合存在,后者发生的明显的细胞固缩和核破裂。被感染的血管内皮表现正常。神经元灶性坏死,周围聚集有单核细胞,或病变神经元散在分布。脊髓,尤其是颈部和脑部脊髓有类似病变。病变处的脑膜和脊膜因单核细胞的浸润而增厚。神经节和神经节细胞(脑脊髓、心脏、腹腔神经节、密斯纳神经节、奥尔巴赫神经节和视网膜的神经节细胞层)发现类似的病变。神经元、星形细胞和少突神经胶质内可见核内包涵体,但据笔者的经验,核内包涵体更常见于神经系统以外的病变区。

扁桃体的坏死始于真皮下区,然后,扩展至真皮,深至淋巴组织。核内包涵体常见于坏死灶邻近的真皮细胞的隐窝内。上呼吸道的病变有黏膜上皮坏死,黏膜下层单核细胞浸润。肺部病变有:坏死性支气管炎,细支气管炎,肺泡炎,支气管周黏液腺上皮坏死。病变波及结缔组织和内皮,因而常见有出血和纤维蛋白渗出。主要气流通道的病变一般呈斑样,急性病变邻近区纤维化后愈合。核内包涵体常见于呼吸道的上皮细胞和结缔组织细胞,以及脱落至肺泡内的细胞。

所有被波及的组织均呈灶性坏死,病变最常见于脾脏、肝脏、淋巴结和肾上腺。坏死灶分布不规则,周围聚集少数炎性细胞,也可能没有炎性细胞。坏死灶边缘的实质的细胞内常含有核内包涵体。尽管固缩核经苏木素染色后细胞结构不清,但浸渍胎儿镜下也能观察到坏死灶。

子宫感染的特征病变为多灶性至弥漫性的淋巴组织细胞子宫内膜炎、阴道炎、坏死性胎盘炎,伴有绒膜窝凝固性坏死。核内包涵体见于发生坏死病变的变性的滋养层。黄体的病变取决于感染的阶段，可能坏死，内含嗜中性粒细胞、淋巴细胞、血浆细胞和巨噬细胞。

公猪生殖道的病变为输精管退化，睾丸白膜有坏死灶。患有睾丸鞘膜炎的公猪生殖器官的被膜有坏死和炎症病变。精子异常的类型有尾异常，远端胞质残留，顶体囊状突起，双头、裂头。这些变化可能是因发热所致，而不是因为病毒感染生精上皮所致。

小肠发生黏膜上皮灶性坏死病变，可能波及至黏膜肌层和肌层被膜。核内包涵体见于受损的内皮细胞。

可见到两种类型的核内包涵体：一是同源性嗜碱包涵体。这种包涵体充盈于整个细胞核。二是嗜酸性包涵体。这种包涵体与染色体边缘之间有明显的晕轮。无论何种类型都必须通过电镜观察或免疫组化方法证实病毒粒子，即抗原，进而确定包涵体的特异性。

第三节　仔猪感染后的变化

以不同接种途径(脑内注射、滴鼻、肌注)和剂量感染 3 株伪狂犬病病毒，观察仔猪伪狂犬病的临床症状——病变的发生模式。结果如下。

一、临床症状

实验接种 18 头猪有 13 头发病，其中 12 头死亡，1 头耐过。3 个毒株的脑内接种猪全部死亡，S 株滴鼻死亡 1 例，闽 A 株滴鼻未发病，Shope 株滴鼻全部死亡，肌注未发病。病猪的临床症状基本相同，体温升高(可达 42℃)，精神沉郁，食欲降低或废绝，离群呆立或呈犬坐姿势，肌肉颤抖，有时腹泻、流涎和呕吐。随着病情的发展出现共济失调，步态蹒跚。兴奋时不自主地前冲、反退或做转圈运动，随后倒地四肢划动，间歇性抽搐。后期病猪瘫痪，机体衰竭，昏迷而死亡。

二、尸体剖检

共剖检死亡与濒死仔猪 12 头及实验结束时存活的 6 头。病死仔猪尸体消瘦，被毛粗乱，全身黏附粪便，可视黏膜苍白；存活剖杀者仅见消瘦。

(一)神经系统

脑脊液轻度增加，脑软膜充血水肿，以大脑额叶和顶叶较明显，脑内接种者还可见出血。脊髓软膜充血，以荐段脊髓及其神经根附近较明显。脊神经和坐骨神经未见明显异常。

(二)呼吸系统

6 例见肺水肿，出血和小叶性肺炎。肺轻度膨大，小叶间质增宽，切面湿润，在肺表面散布有淤点、淤斑或暗红色质地坚实稍隆起的肺炎灶。7 例筛鼻甲有卡他性炎。气管未见明显异常。

(三)消化系统

5 例见食道黏膜变性肿胀。4 例死亡仔猪有卡他性胃炎，其中 2 例还可见出血；9 例有卡他性肠炎。胃肠黏膜发红肿胀，表面有较多黏液附着。绝大多数死亡病例见肝脏呈暗红色充血，质地稍脆弱，其中 3 例出现针尖大黄白色坏死灶。

(四)淋巴网状系统

6 例见脾脏充血呈暗红色。多数病例的扁桃体浑浊肿胀。少数病例淋巴结水肿，周边出血。

(五)泌尿生殖系统

肾脏浑浊肿胀，6 例有出血小点，少数病例在膀胱黏膜上出现淤斑。睾丸、卵巢和子宫未见明显异常。

(六)心脏及其他

多数病例心肌变性稍浑浊,少数在心内膜下有暗红色的出血点。肾上腺和接种部皮肤未见明显异常。

三、病理变化

(一)神经系统

1. 中枢神经 死亡病例(15～18 例)大小脑脑膜及实质充血水肿,可见不同程度的炎性细胞浸润和厚薄不一的管套。在大脑基底核和侧脑室附近管套尤为明显,可厚达 6 层细胞。炎症细胞以淋巴细胞为主,此外还有少量单核细胞和嗜中性白细胞等。神经元变性坏死,胶质细胞呈局灶性或弥漫性增生,可见卫星现象和嗜神经细胞现象。S 株接种有 2 例于大脑颞叶、顶叶和胼胝体星形胶质细胞内发现核内包涵体,呈嗜酸性均质红染的团块,大小不一,形态不规则,有的几乎充满整个胞核。脑干病变与大小脑相似,以中脑和间脑较严重,在中脑导水管和第三脑室附近可见到明显的管套。脑桥和延髓仅见轻微的炎症和神经元变性。脊髓充血水肿,多数可见到轻度的炎性反应。灰质腹角内神经元变性坏死,以胸荐段脊髓严重。

2. 外周神经 各例(17～18 例)脊神经的根部发生不同程度的炎性水肿,以胸、荐脊神经较明显。神经纤维髓鞘不均匀肿胀,有大小不等的空泡存在,轴索肿胀、断裂。偶见充血出血,血管内皮细胞肿胀变性,甚至坏死脱落。一些病例的坐骨神经可见轻度肿胀变性。神经节被膜及间质轻度水肿,少数病例于星状神经节和半月神经节可见到充血出血。多少不一的神经元发生明显的变性坏死,以星状神经节和半月神经节较广泛、严重；神经胶质细胞不同程度的增生，以脊神经节和颈前神经节较明显，一些神经节可发生以淋巴细胞浸润为主的炎症。在蜕变神经元内常可见到核内包涵体，呈嗜酸性均质红染的圆形或卵圆形团块，常占据整个胞核的位置，有的其周边还可见到一淡染的晕环。

(二)呼吸系统

病检共 48 例。多数病例见肺炎，有的呈小叶间质性，肺泡隔明显增厚，有较多单核细胞和嗜中性粒细胞浸润，网状细胞增生；有的呈出血性支气管肺炎，在细支气管和肺泡腔内有大量红细胞和炎性渗出物。病变严重区尚见坏死灶，个别病例在肺泡上皮细胞内有嗜酸性核内包涵体。7 例筛鼻甲出现不同程度的卡他性炎，5 例死亡病例支气管有轻度炎性反应。

(三)消化系统

病检共 49 例。胃肠见卡他性炎，表现为黏膜上皮变性、坏死和脱落，固有膜充血、出血及血栓形成，有较多的单核细胞和嗜中性粒细胞浸润。肝内血管扩张充血，肝细胞变性，少数病例见急性肝炎和坏死灶。多数病例食管有卡他性炎。

(四)淋巴网状系统

病检共 50 例。多数病例扁桃体发炎，表现为上皮细胞肿胀变性、坏死和脱落，上皮下组织内有多量炎性细胞浸润，病变严重者可见坏死灶。在上皮内可见嗜酸性核内包涵体。淋巴结少细胞区出血，浆液渗出，有多少不等的炎症细胞浸润，死亡病例有大量嗜酸性粒细胞浸润，并在网状细胞和巨噬细胞内发现嗜酸性核内包涵体。少数病例可见急性脾炎。

(五)泌尿生殖系统

病检共 42 例。肾脏颗粒变性，个别病例有局灶性间质性肾炎。少数病例膀胱见卡他性炎。个别病例睾丸白膜有炎性坏死灶。卵巢和子宫未见异常。

(六)其　他

病检共32例。心肌肿胀变性,肌间血管充血,少数病例有心肌炎、心外膜炎和心内膜下出血。肾上腺充血、出血和发炎,个别病例在皮质内有坏死灶。1例接种部皮肤水肿发炎。

以上试验结果表明,3株伪狂犬病病毒引起的发病仔猪的临诊症状基本一致,主要是体温升高和反复出现神经症状。主要病理组织学变化为淋巴细胞性脑脊髓炎,神经节的神经元变性坏死,外周神经纤维肿胀变性以及肺、肝、扁桃体和淋巴结坏死发炎,一些病例于大脑、神经节、肺、扁桃体和淋巴结发现嗜酸性核内包涵体。这些就构成了仔猪伪狂犬病的临诊病理模式,与国外文献报道的基本一致。当然,不同的毒株和感染途径所致的病理变化也有一些差异。

四、仔猪的临床症状与病理变化

据报道,用PRV Ea株人工感染PRV阴性仔猪,全面观察了仔猪感染后的临床症状和病理学变化,结果如下。

仔猪的临床症状表现为接毒后第一天,仔猪体温稍有升高,第二天死亡2头,接种后第二至第四天,多数猪出现精神沉郁,食欲下降,陆续出现阵发性震颤,且程度逐渐加重,4头仔猪表现明显的呼吸困难,体温平均在40.5℃～41.5℃,大部分仔猪腹泻。随后患猪较为狂躁、以头撞墙,呈犬坐姿势,后期表现全身阵发性颤抖,行走时蹒跚或横行,或四肢如划水样。试验Ⅰ组(经颈部肌内接种PRV Ea株1mL 10^5 $TCID_{50}$)接种后第七天死亡1头。试验Ⅱ组(经颈部肌内接种PRV Ea株1mL $10^{7.5}$ $TCID_{50}$)先后发现2头猪用后肢抓挠颈部,致使颈部出现面积约6cm^2的溃疡面。上述症状从接种第九天稍有缓解，在接种后第十二天临床检查猪无异常，但此后全部猪生长发育不良。

尸体剖检发现病猪被毛粗乱，血液凝固不良。剖检见脑脊液增多，脑膜肿胀增厚、血管扩张，并见轻度出血。胸段脊神经节肿胀，腹股沟淋巴结充血肿胀，脾脏肿大，心肌变性，肾脏出血，肺出血伴肺气肿，肝淤血坏死，胃、肠黏膜充血，出血及局灶性溃疡。

光学显微镜下观察。大脑：大脑软脑膜肿胀、充血，脑膜下有浆液渗出，胶质细胞和增生的血管外膜细胞构成血管套及胶质结节。大脑灰质内神经元变性坏死。脊神经：灰质腹角内神经元变性、坏死，淋巴细胞浸润，神经纤维鞘肿胀。肺脏：肺泡壁毛细血管扩张，上皮细胞增生，肺泡隔增厚，肺泡内有浆液渗出，其中有少量的红细胞和巨噬细胞，肺内小血管充血、淤血、血栓形成。脾脏：脾小体和淋巴细胞减少，网状细胞增生，呈现以中央动脉为中心的凝固性坏死灶。淋巴结：淋巴小结体积增大、淋巴细胞减少，网状细胞增生。胃：胃黏膜上皮脱落，有浅表性溃疡。肝脏：肝细胞索结构模糊，肝细胞变性，肝中央静脉内血栓形成。心：心肌纤维变性，伴淋巴细胞、单核细胞浸润。肾脏：肾小球内血栓形成、毛细血管内皮细胞增生。

电子显微镜观察。大脑：细胞核核膜消失，核质疏松，线粒体均呈球状，部分线粒体嵴消失，各细胞器结构模糊；脊髓：细胞核核质疏松，染色质边移，核膜不完整；肺门淋巴结：核膜不完整，核内见有数团密度较大物质，似核内包涵体。

血常规检验结果表明试验Ⅰ组接种病毒1周后白细胞(WBC)总数、血小板压积(PCT)、血小板平均体积(MPV)显著升高。试验Ⅱ组接种病毒后1周时血小板(PLT)明显降低，MPV显著升高，其他血常规指标未见明显变化。

第五章　猪伪狂犬病的诊断

要防治伪狂犬病，关键是诊断。诊断的目的是为了正确地认识疾病，以便及时采取有效的预防和治疗措施。诊断是防治工作的先导，只有及时、快速和准确的诊断，防治工作才能有的放矢，卓有成效，否则往往会盲目行事，贻误时机，使疾病由轻变重，由小变大，最后酿成疫病的不断扩散，给养猪业带来重大的经济损失。常见的诊断方法有：流行病学诊断、临诊诊断、病理解剖学诊断、病原学诊断和免疫学诊断等。由于每个疫病的特点各不相同，常需要根据具体情况而定，有时需要运用几种方法综合进行确诊，有时仅需要采用一两种方法就可以及时做出诊断。

结合病史，临床症状，眼观病变，镜观病变，血清学，荧光抗体组织切片(FATS)或病毒分离(VI)进行病毒检测，一般可以诊断出 PR。根据典型的临床症状初步预诊，如果能见到新生猪的眼观病变(肝脏、脾脏灶性坏死，扁桃体坏死)预诊则更可靠。如果只有育肥、育成猪或成年猪发病，PR 的诊断则较困难。这些年龄段的猪群暴发 PR，如果只出现呼吸道症状，极易被误诊为猪流感。但如果少数猪出现中枢神经症状，PR 预诊则较容易。对感染猪适时取样并正确处理，证明 PR 病毒相对容易。诊断急性 PR 病毒感染时不宜采用血清学方法，因为该法需要在机体产生抗体后才能进行，出结果慢。镜观病变可进一步证实病毒抗原，有助于确诊。

第一节 流行病学诊断

本病一年四季均可发生，但以冬春季节和产仔旺季多发。常常是分娩高峰的母猪舍首先发病，发病率可高达100%。其发病和死亡都有一个高峰期(比分娩高峰滞后5d)，以后则逐渐减少，由每窝发病变为每窝只发病2～3头，死亡率也逐渐下降，其他母猪舍主要表现为散发，一窝发病3～4头，死亡率也较低。

病猪、其他带毒动物为本病的传染源。病毒从病猪鼻分泌物、唾液、乳汁和尿中排出。有的带毒猪可持续排毒1年。其他动物的感染与接触猪、鼠类有关。除健康猪与病猪、带毒猪直接接触传染外，其他家畜还可由于吃食病尸及病畜感染的饲料后经消化道感染。此外，此病还可经呼吸道黏膜、破损的皮肤和配种等发生感染。妊娠的母猪可经胎盘感染胎儿。泌乳母猪感染本病后1周左右乳中有病毒出现，可持续3～5d，此时，仔猪可因哺乳而感染本病。牛、羊因接触病毒而感染发病，但牛和猪之间也可互相传播。

伪狂犬病病毒可感染猪、牛、羊、犬、猫及野生动物等。除成猪外，均有较高的致死率。猪中危害最重的是哺乳仔猪，其发病后死亡率极高。妊娠后感染本病可引起流产和死产。成猪多为隐性感染。病毒可经消化道、呼吸道、损伤的皮肤和生殖道感染。一般呈地方性发生，多发于冬、春两季。

第二节 临床诊断

猪伪狂犬病临床症状随着年龄的不同而有很大差异。

本病的潜伏期一般为3～6d，少数可达10d。新生仔猪感染后表现眼眶发红，闭目昏睡，体温升高至41℃～41.5℃，精神沉郁，口角有大量泡沫或流出唾液，有的呕吐或腹泻，内容物为黄色。乳猪两耳后立，初期遇到声音刺激，出现兴奋和鸣叫，后期任何强度的疼痛刺激都只能引起肌肉反射活动，如局部肌肉震颤。有的病猪呈"鹅步式"。病猪眼睑和口角有水肿，腹部几乎都有栗粒状大小的紫色斑点，有的甚至全身呈紫色，病猪站立不稳或步态蹒跚，有的只能向后退行，姿势异常，容易跌倒，进一步发展为四肢麻痹，不能站立，头向后仰，四肢划游，或出现两肢开张或交叉。几乎所有的病猪都有神经症状，初期以紊乱、后期以麻痹为特征，最常见的是间歇性抽搐，肌肉痉挛性收缩，癫痫发作，角弓反张，仰头歪颈，一般持续4～10min，症状缓解后病猪又可站立起来，盲目行走或转圈。有的则呆立不动，头触地或抵墙。病程最短4～6h，最长5d，大多数为2～3d。发病24h以后表现为耳朵发紫，出现神经症状的乳猪几乎100%死亡，发病仔猪耐过后往往发育不良或形成僵猪。

20日龄以上到断奶前后的仔猪，症状轻微，体温41℃以上，呼吸短促，被毛粗乱，不食或食欲减少。发病率和死亡率都低于15日龄以内的仔猪。但断奶前后的仔猪若排黄色水样粪便，则可100%死亡。

4月龄左右的猪，发病后只有数日的轻度发热，呼吸困难，流鼻液、咳嗽，精神沉郁，食欲不振，耳尖发紫，有的呈犬坐姿势，有的有呕吐和腹泻，几日内即可完全恢复，重度者可延长半个月以上，这样的病猪表现为四肢强直震颤，行走困难。出现神经症状的病猪则预后不良。

育成猪常见便秘，症状较轻，病死率也低，病程一般4～

8d。成猪一般呈隐性感染,有的表现为发热,精神沉郁,呕吐,咳嗽,但很快恢复。

妊娠母猪于40d以上感染时,常有流产、死产及延迟分娩等现象。流产胎儿大多新鲜,且有不同程度的软化现象。妊娠后期感染时,虽然可产活胎儿,但因活力较差,可于产后不久出现典型的神经症状而死亡。妊娠母猪本身大多没有明显的临床症状。

第三节 病理学诊断

一、剖检变化

由于病毒的泛嗜性,使病理变化呈现多样性,在诊断上具有参考价值的变化是鼻腔卡他性或化脓出血性炎症,扁桃体水肿并伴以咽炎和喉头水肿,勺状软骨和会厌皱襞呈浆液性浸润,并常有纤维素性坏死性假膜覆盖,肺水肿、上呼吸道内含有大量泡沫样水肿液,喉黏膜和浆膜可见点状和斑状出血。淋巴结特别是肠淋巴和下颌淋巴充血、肿大、间有出血,心肌松软、心内膜有斑状出血,6期状出血性炎症变化,在胃底部可见大面积出血。

小肠黏膜充血、水肿,黏膜形成皱褶并有稀薄黏液附着,大肠呈斑块状出血,临床出现严重神经症状的病猪,死后常见明显的脑膜充血及脑脊髓液增多,鼻咽部充血,扁桃体、咽喉部及淋巴结有坏死灶,肝脏、脾脏有1～2mm的灰白色坏死点,心包、肺可见水肿和出血点。流产胎儿可见脑壳和臀部皮肤有出血点,胸腔、腹腔及心包有多量棕褐色的潴留液,肾脏及心肌出血,肝脏、脾脏有灰白色坏死点。

二、组织变化

肝脏实质中有大量大小不等分界明显的坏死灶，多位于肝小叶周边区，坏死组织呈凝固性、粉红色，但色彩深浅不一，其中分布着多量蓝紫色坏死崩解的细胞核碎粒，周围附近小血管充血，血管周围间隙有少量的淋巴细胞和单核细胞浸润，其他部分肝细胞肿大，颗粒变性，各级小血管，肝窦充满红细胞，肝小叶结构紊乱。脾组织内有许多分界清晰的坏死区，在坏死区内粉红色坏死物中混杂着多量的蓝染的细胞核崩解颗粒及一些红细胞，脾小体多数变成坏死区而消失，小血管多数坏死，红细胞漏出，少数残存的各级血管周围有淋巴细胞聚集。脾脏网状细胞大量增生。脾窦及周围有大量的红细胞分布，窦内皮细胞、巨噬细胞数目增多，脾窦界限不清。肺组织内有少量的界限明显的坏死灶，灶内主要是核崩解的蓝色颗粒，衬以少量粉红色的坏死灶溶解物，灶内血管尚完整无损，呈充血、淤血状态，坏死灶周围肺泡壁及间质充血。肺泡内和间质内有浆液性渗出和红细胞分布及少量淋巴细胞、单核细胞浸润，肺泡上皮和气管黏膜上皮轻度坏死。脑实质中小血管扩张充血，周围有淋巴样细胞、组织细胞呈围管样浸润，即形成“脑血管套”。神经胶质细胞弥漫性或局灶性增生，可见多个神经细胞坏死崩解，神经细胞和胶质细胞的核内可见嗜酸性包涵体，大脑枕叶有胶质细胞增生，形成胶质细胞结节，脑桥、延髓内毛细血管周围亦有单核细胞、淋巴细胞形成的血管套。肾小球内和间质出血，肾小管颗粒变性，心肌颗粒变性，胃肠黏膜部分坏死，黏膜下出血，淋巴细胞浸润。

第四节　病原学诊断

一、病料采集

最好采集病死猪或病猪发热期的脑组织(中脑、脑桥和延髓)、扁桃体以及脾脏和肺脏。对隐性感染猪,三叉神经是病毒最密集的部位。亚临床感染或康复猪,可收集鼻黏液或口咽部棉拭子样品,鼻拭子保存于含有抗生素的冷磷酸缓冲培养液中。样品保存于4℃,最好不冷冻,必要时使用干冰,尽快送至实验室。需保存的样品应剪成小块,放入50%的甘油盐水中冷藏。也可用5～10倍含双抗的生理盐水(或PBS)将采集的病料研磨制成乳浊液,经低速离心吸取上清液,－20℃冰箱保存备用。

流产胎儿的组织也可用于病毒分离,但如果流产是因母猪的热性反应而不是因为病毒直接感染胎儿所致,病毒分离结果为阴性。分析病毒分离结果时应全面考虑,必要时采取其他诊断性试验确诊PR病毒诱导性流产。

在没有诊断实验室的的情况下,可将10%脑悬液的上清液肌内注射至兔后肢。注射点48～96h出现典型的剧痒症状和自行断肢,则可以确诊为PR。本法因涉及实验动物,应作为最后方法使用。

二、分离培养

(一)细胞培养

多种传代细胞和原代细胞对伪狂犬病病毒均很敏感,目前常用的有猪肾传代细胞系(即PK-15细胞)。

将病料悬液的上清液接种于 PK-15 单层细胞，细胞接毒后逐日观察。多数于接毒后 48h 出现细胞病变(CPE)。通常有两种类型：一种是感染细胞质内很快出现颗粒，细胞变圆膨大，形成一堆堆折光力强的分散的细胞病灶；另一种是感染细胞相互融合，形成轮廓不清的合胞体，融合迅速扩展，进一步形成大的合胞体。出现细胞病变的培养物用酸性固定液固定，苏木紫-伊红染色，可见典型的嗜酸性核内包涵体。还可将受检样用免疫荧光、免疫过氧化物酶或特异性抗血清的中和试验鉴定病毒。如果没有出现明显的 CPE，则可进行盲传 1～2 代，待出现 CPE，再行鉴定病毒。

(二)动物接种

将病料悬液的离心上清液经 0.22μm 滤膜过滤除菌后接种于家兔的胁部或腹侧皮下，每只 0.5ml。如果含有病毒，家兔在接种后 48～72 小时后开始发病，食欲废绝，狂躁不安，体温升高(41℃)，注射部位表现剧痒，频频回头撕咬接种部位，致使皮肤脱毛、溃烂、出血，数小时后四肢麻痹，卧地不起，最后衰竭，2～5d 死亡。该试验也称为兔体接种试验。该试验敏感性不高。

(三)鸡胚接种

取以上病毒分离材料以绒毛尿囊膜(CAM)途径接种于 9～10d 龄非免疫鸡胚 20 枚，每枚 0.1ml，同时设生理盐水对照和空白对照，置 37℃条件下培养，每天观察鸡胚的发育情况。经 3～4d 后出现中等大小的白色痘斑，较强的毒可侵袭鸡胚的神经系统，致死鸡胚。死胚呈弥漫性出血和水肿，头盖骨突出，皮肤出血。在感染细胞中可检出核内包涵体。死亡的鸡胚置 4℃过夜后收集尿囊液和 CAM，观察 CAM 病变，测定胚液的血细胞(血凝)凝集性。经尿囊腔和卵黄囊接种，本病毒也能增殖传代。

三、病毒的鉴定

（一）电镜检查

将被检样品（病毒细胞培养物冻溶后的离心上清液）悬浮液1滴（约20μl）滴于蜡盘上。将被覆Fonnvar膜的铜网膜面朝下放到液滴上，吸附2～3min，取下铜网，用滤纸吸掉多余的液体。再将该铜网放到pH值7，0.2%的磷乌酸染色液上染色1～2min，取下铜网，用滤纸吸掉多余的染色液，干燥后，放入电镜进行检查。如果含有PR病毒，可见到典型的疱疹病毒粒子，病毒粒子的核心直径约为75nm，核衣壳直径105～110nm，带囊膜的完整病毒粒子直径180nm。完整的病毒粒子由核心、衣壳、外膜或囊膜组成。

（二）免疫荧光试验（FA）

FA是通过显微镜标本的免疫荧光染色而显示其结果的一种技术，将抗体（或抗原）标记上荧光色素，如异硫氰酸荧光黄（FITC）或四乙基罗丹明（RB200），再进行抗原-抗体反应，由于荧光素在特定波长（紫外或蓝紫光）光的照射下，可激发可见的荧光，因此出现荧光的地方就说明标记物的存在，同时也反映了抗原（或抗体）的存在。荧光抗体技术具有抗原-抗体反应的特异性和染色技术的快速性，并可在细胞水平上进行抗原定位，故在病毒病诊断中是一种应用很广的方法。荧光抗体组织切片检测（FATS）可以快速可靠检测组织内的PR病毒。选用的组织为扁桃体，也可使用脑或咽抹片。猪的扁桃体容易辨认，它位于前咽背侧，并有明显的隐窝。FATS检测的优点在于它能在1h内完成，有典型临床症状的新生猪的FATS结果与病毒分离（VI）结果相同。对育肥、育成猪和成年猪，FATS 检测的敏感性不如 VI。老龄猪的临床症状和病史表明其可能患有 PR，而 FATS 检测结果呈阴性时，必须采用病毒分离给以确诊。国外，Stewart 等(1967)首先用 FA 检测病毒和病料接种的 PK-15 培养物，获得了良好的效果。用该技术对不同病料进行检测，发现扁桃体和淋巴结的检出率最高，其次为大脑、脾脏、脊髓。方法为采取病猪的脑(主要是三叉神经、延髓等)、扁桃体、脾脏或脊髓制成冰冻切片或印压片，荧光抗体染色，荧光显微镜下检测，感染猪 PR 的病料可以在细胞膜和细胞质中观察到特异性的亮绿色荧光。Allan 等利用间接免疫荧光技术(IFA)对实验感染猪或自然感染猪的脑、咽压印片进行检测，该法特异性强，不与猪 PPV、腺病毒、血凝性脑炎病毒及肠道病毒发生交叉反应，病毒抗原最低检出量为 $10^{1.3}$ $TCID_{50}$/g。在对野外病料的检测中，与 VI 相比较，IFA 和 VI 两种方法的检测敏感性相似，符合率达 98.7%，可在获得病料后 2h 内得出结果。Sabo 等建立了检测实验感染猪或自然感染猪的脏器冰冻切片的直接 FA 技术，其检出脑组织中病毒的最小病毒量为 $10^{4.5}$ $TCID_{50}$/g。黄骏明等报道建立了直接 FA 技术，取病猪脑组织，主要是三叉神经、延髓、脊髓等组织做冰冻切片进行 FA 检查，可在组织细胞中检出特异性荧光，检出率 95%以上，可在获得病料后 2～4h 得出结果，是我国目前对 PR 快速诊断的一种很好的方法。

(三)PCR 方法(详见分子生物学方法)

本法快速准确，有利于及时做出诊断。

(四)直接免疫荧光

1. 材料的准备

(1)标准阳性抗原　人工接种已知 PRV 后，制备的延髓或脊髓组织冰冻切片或细胞培养片。

(2)阴性抗原样品　阴性猪的延髓或脊髓组织冰冻切片(4μm厚)或未接种病毒的正常细胞片。

(3)待检病料　采取发病猪延髓或脊髓组织做冰冻切片，丙酮固定。

(4)PRV荧光抗体　由生产公司提供。

(5)其他设备　冷冻切片机，荧光显微镜、标本缸、载玻片、盖玻片等。

2. 操作程序　将细胞盖玻片或4μm厚的组织冰冻切片，用冷丙酮固定10min，每个样品取2张片，分别滴加万分之二伊文思蓝PRV IgG-FA，置37℃恒湿恒温箱中，感作30min后，用缓冲液(0.01M pH值7.2 PBS)洗3次，每次15min，再用无离子水冲洗后风干，加碳酸盐缓冲甘油封片，用荧光显微镜在放大250～500倍下镜检。

3. 结果判定　当阴性和阳性对照均成立的条件下，被检样品的判定结果有效。

(1)阳性　在加PRV IgG-FA标本上，细胞核或细胞质内呈闪亮苹果绿荧光为卌，明亮荧光为卄，较弱而鲜明的绿色颗粒型荧光为＋。

(2)阴性　在加PRV IgG-FA标本上，镜下观察相同，其细胞核和细胞质内均无苹果绿色颗粒荧光时，本检验样品判为阴性。

第五节　血清学诊断

多数血清学方法可用于检测血清样品中的PRV抗体。应用最广泛的方法是微量血清中和试验(MSN)、酶联免疫吸附试验（ELISA）和乳胶凝集试验（LAT）、补体结合试验（CF）、琼脂免疫扩散（AGDP）、对流免疫电泳（CIE）、间接荧光抗体技术（IFA）、荧光抗体技术（FA）等。

SVN、ELISA 和 LAT 3 种方法中，SVN 试验结果可靠，但耗时长，仅作为抗体检测的标准方法；ELISA 耗时短，灵敏度高，可批量检测；LAT 操作最简单，而且世界各地均有出售。一般情况下，LAT 试验在 6～7d 可测出血清转阳，而 ELISA 需 7～8d，SVN 试验需 8～10d。PR 防制与根除计划中最重要的技术突破是出现 PR 基因缺乏疫苗和与之应运而生的鉴别 ELISA。这些方法可以检测针对某种病毒糖蛋白产生的特异性抗体。现将几种常用的方法介绍如下。

一、间接荧光抗体试验

（一）材料准备

1. 兔抗猪荧光抗体 由生产厂家提供。

2. 待检血清 静脉采取发病猪血，无菌分离血清，4℃保存备用。

3. 标准阳性血清 用纯化的 PRV 免疫猪制备。

4. 标准阴性血清 健康且无 PRV 中和抗体的猪血清或 SPF 猪血清。

5. 标准阳性片 人工接种已知 PRV 后，制备的延髓或脊髓组织冰冻切片或细胞培养片。

6. 标准阴性片 阴性猪的延髓或脊髓组织冰冻切片（4μm 左右）或未接种病毒细胞片。

7. 其他所需设备 荧光显微镜，冷冻切片机等。

（二）操作程序

将标准的阴性、阳性细胞盖玻片或 4μm 厚的组织冰冻切片,用冷丙酮固定 10min,分别取两张片,滴加 PRV 待检血清(1∶40),置于 37℃恒湿恒温箱中,感作 30min 后,用缓冲液(0.01M pH 值 7.2 的 PBS)洗涤 3 次,每次 15min,无离子水冲洗,风干,再加兔抗猪 IgG-FA 染色,置于 37℃恒湿、恒温厚箱中,感作 30min 后,加碳酸盐缓冲甘油封片,用荧光显微镜在 250～500 的放大倍数下镜检。

设立的标准阴性血清、阳性血清对照组与待检血清同样操作。

(三)结果判定

当阴性和阳性对照均成立的条件下,被检样品的判定结果有效。

1. 阳性 在加 PRV 待检血清的标本上,细胞核或细胞质内呈现闪亮苹果绿荧光为卅,明亮荧光为廾,较弱而鲜明的绿色颗粒型荧光为+。

2. 阴性 加在 PRV 待检血清和阴性血清的两个标本片,镜下观察结果相同,其细胞核或细胞质内均无苹果绿色颗粒荧光时,本检验样品可判为阴性。

二、颗粒浓缩免疫荧光试验

以 PRV 抗原包被的聚苯乙烯乳胶颗粒和荧光标记的二抗在 96 孔板中检测待检血清,再加入荧光标记的抗 gE 单克隆抗体检查酶标单抗与抗原的结合是否被阻断,判定时用荧光检测仪进行全自动读数。实验证明,在 PRV 强毒攻击后 7.5d 颗粒浓缩免疫荧光试验(PCFIA)即可检测到 gE 抗体,而阻断 ELISA 需要 8.8d,间接 ELISA 需要 9.3d。所以,此方法可用于 PRV 早期感染的检测,其敏感性比 EIASA 高,可批量检样。

三、免疫酶技术

酶联免疫吸附试验(ELISA)是当前应用最为广泛的一种免疫测定方法,它是以物理方法将抗体(或抗原)吸附在固相载体上,随后的一系列免疫学和酶促生化反应都在此固相载体上进行的免疫酶测定试验,它包括间接法、双抗夹心法和竞争法及近年来发展的一些改良法。检测伪狂犬病病毒抗体的ELISA 方法是国际贸易指定试验之一。ELISA 敏感性高于中和试验,且快速、简便,适于大面积血清学调查。ELISA 适用于实验室大批样品检查、产地检疫、流行病学调查和无本病健康猪群的建立。此方法是目前生产中最常用的检验方法,特别是 gE-ELISA 可以区别疫苗毒和野毒感染,经常作为猪伪狂犬病的诊断和根除的检验方法。目前,国际上有各种商品化 ELISA 试剂盒出售。试验方法如下。

(一)材料准备

1. 包被用抗原　用抗原稀释液将制备抗原稀释至工作浓度(蛋白含量约为 60mg/L)。

2. 阴性标准血清　健康且无 PRV 中和抗体的猪血清或 SPF 猪血清。

3. 阳性标准血清　用纯化的 PRV 免疫猪制备。

4. 免抗猪酶标抗体　商品化产品,使用时稀释至工作浓度(按产品使用说明进行稀释)。

5. 其他　96 孔微量反应板、微量移液器、酶标测定仪。

(二)操作程序

以 pH 值 9.6 的碳酸盐缓冲液稀释抗原,每孔加入 100μl,37℃孵育 1h 或 4℃过夜,用洗涤液洗涤 3 次,每次 300μl(以下均同);每孔加入稀释的被检血清 100μl,同时设阴性、阳性血清和空白对照，37℃作用 1h；洗涤后，每孔加入 100μl 的酶结合物，37℃温育 1h 后洗涤，每孔再加底物邻苯二胺-H_2O_2 液 100μl，37℃避光静置 20～30min，以 2mol/L 的硫酸终止反应；用酶联免疫测定仪在 492nm 的波长测定 OD 值。

(三)结果判定

以 P/N≥2 判为阳性，并记录结果。

四、放射免疫技术

用直接放射免疫法(radioimmunoassay，RIA)和组织分离法检测了 289 份组织匀浆 PRV，结果两种方法共同检出阳性的为 53(18)份，病毒分离阳性而 RIA 阴性的为 15(5)份；病毒分离阴性，而 RIA 阳性的样本为 0 份。虽然 RIA 没有病毒分离敏感，但 RIA 在操作程序上避免了细胞培养和检测样本的防腐过程。适用于临床样本的大量普通检验。用间接固定放射免疫法(IRIA)检测猪血清中的 PRV 抗体，并与血清中和试验(SN)和微量免疫扩散试验(MIDT)做对比。结果表明 IRIA 与 SN 相比具有较高的敏感性。3 头人工感染的猪血清最早检测出放射免疫抗体和血清(中和)抗体的时间为接种后第九天，而用 MEDT 检出抗体的最早时间，3 头分别为 7d，8d，9d。但是 IRIA 可在几小时内完成，而 SN 和 MIDT 却要 48h 完成。

五、微量中和试验

这是检测病毒的比较经典的血清学方法。由于微量血清中和试验(MSN)可直接在微量培养板上进行检测，所以应用比较方便。方六荣等报道应用 MSN 对来自 24 个猪场共 426

份血清进行了 PRV 血清学普查，共检出阳性血清 171 份，阳性率为 40.1%。根据病毒血清混合物温浴时间的长短(37℃ 1h 或 4℃ 24h)和补体存在与否，可采用不同的方法在细胞培养物上进行病毒的中和试验(VN)。大多数实验室采用无补体 37℃作用 1h 的反应方法，其特点是简易快捷。而采用 4℃孵育 24h 的方法则更有助于抗体的检测，其敏感性比只孵育 1h 的要高 10～15 倍。试验方法如下。

(一)材料的准备

1. 器材 微量滴定板、微量移液器、倒置显微镜、CO_2 培养箱等。

2. 细胞 采用对 PRV 敏感的细胞，目前较为常用的是 PK-15，SK6 细胞，也可用原代细胞。

3. 细胞培养液 细胞培养液的选择主要取决于细胞系的使用。例如 PK-15 细胞的培养液为 Eagel 的最低需求培养基(MEM)加上 10%的犊牛血清和抗生素(青霉素 100IU/ml，链霉素 100μg/ml 或者 50μg/ml 的卡那霉素)。

4. 细胞培养和计数 待细胞长成单层，将瓶中生长培养液倒掉，加入 5ml 的新溶化的 0.025%EDTA 洗涤细胞层，倒掉后重复洗涤 1 次，保留几滴 EDTA 在瓶中。将培养瓶放入 37℃温箱中作用 5～10min 直到细胞分离。将分离的细胞加入 90ml 培养液，将悬浮液分装到 3 个 75cm^2 的细胞培养瓶中。

用 96%的酒精冲洗计数板后，擦净，另擦盖玻片一张。把盖玻片覆在计数板上面，使之微微移向一侧，露出计数板台面少许，以便滴加细胞悬液。取吸管一只，伸入培养瓶中，轻轻反复吹打细胞悬液，使细胞重悬均匀后，立即吸取细胞悬液少许，向另一试管中滴入细胞悬液 9 滴，再滴入 0.4%的台盼蓝液(TrypanBlue，又称锥虫蓝)1 滴，摇匀静置 2～3min。把计数板平放在显微镜台上，轻滴1～2滴已染色的细胞悬液，使之充满计数板与盖玻片间隔中。镜下观察可见细胞分散各处，健康细胞胞体完整，透明不着色，凡着色细胞均为不健康者。计算四角大方格内的细胞数，压中线者只计算左线和上线，右线和下线不计算在内（即仅计算压两个边的细胞），然后按下面公式计算：细胞数/毫升原悬液＝4大格细胞总数/4。

5. 病毒悬液的制备和滴定 伪狂犬病病毒，如Kojnok毒株或NIA-3毒株需在－70℃或更低温度下保存。

待培养瓶中的细胞长成细胞单层后，倒掉培养液，加入1ml已知浓度$TCID_{50}$/ml的病毒悬液，37℃培养，12h后开始注意观察细胞瓶内变化，直到有50%的细胞产生病变（为36～48h），然后将培养瓶置于－20℃或更低温度冷冻，使细胞破裂。融化培养物，用力振荡培养瓶，将悬液以5 000r/min离心15min，再将上清液分装小瓶，每份0.5ml，标记好病毒的种类和日期，保存于－70℃或更低温度的设备中备用。

用Reed-Muench法或Karber法测定种毒悬液的滴度。病毒中和试验需设立已知PRV中和抗体滴度的阳性对照血清和阴性对照血清。

（二）操作程序

1. 定性试验 首先将每份未稀释的待检血清加入微量反应板的3孔，每孔50μl。然后每孔加入含100$TCID_{50}$/50μl的病毒悬液50μl，将反应板置于37℃培养箱中振动培养1h（有无CO_2均可）。每孔再加含细胞15 000个/ml的细胞悬液150μl。将反应板盖好（CO_2培养箱中培养）或用塑料薄膜将板封闭（在普通温箱中培养），轻轻振荡反应板，使细胞在孔底均匀分布，CO_2培养箱中37℃恒温培养4d。每组反应板应设置的对照组，包括：

(1)病毒对照　验证实际用于试验的病毒数量。用 MEM 培养基将血清中和试验的病毒(100TCID$_{50}$/50μl)分别稀释至 10 倍、100 倍、1 000 倍。每个稀释度最少加 5 个孔，每孔 50μl。加入 50μl 培养液后将反应板在 37℃培养 1h，再加细胞悬液，其加入量同上。

(2)细胞对照　加 150μl 的细胞悬液和 100μl 的 MEM 做对照，每样至少加两孔。

(3)阳性血清对照　将已知伪狂犬病病毒中和抗体滴度的血清做 2 倍、4 倍、1/2 倍和 1/4 倍稀释(包括末端的共 5 个稀释度，如果用 T 表示血清滴度，则 5 个稀释度分别相当于 T、T/2、T/4、2T、4T)。

(4)待检血清对照　以检测血清对细胞的毒性作用。每份血清取 50μl 各加一个孔，每孔再加 50μl 培养液，37℃培养 1h，然后每孔加 150μl 细胞悬液。

(5)阴性血清对照　方法同待检血清。

(6)结果判定　培养 48～72h，用倒置显微镜(×100)观察孔内的毒性反应和 CPE(细胞病变)。试验必须在以下的对照结果成立时，方能对待检血清进行判定。即病毒对照：病毒悬液滴度在 30～300TCID$_{50}$/50μl 之间；细胞对照：细胞单层完整；阳性血清对照：所得的滴度必须与预测的滴度相当，误差在一个稀释滴度内；血清对照：观察细胞病变时，应考虑血清对细胞的毒害作用；阴性血清：出现 CPE 则待检血清的结果依以下情况分别判定为：

3 个孔都不出现 CPE——判为阳性；3 个孔都出现 CPE——判为阴性；1 个孔出现 CPE——判为可疑，需重做试验；第三天可见病变很小的 CPE——判为可疑，需重做试验。

采用未经稀释的血清做定性试验，对畜群的定性有一定意义。但用这种方法可能会产生假阳性。为避免这种弊端，在定性试验的同时，可对一定数量的血清样品进行定量试验。

2. 定量试验　定量试验所需的材料与定性试验相同。其不同点是将待检血清按倍比稀释，血清稀释度最高可达1∶256或更高。

(1)定量试验方法　向微量反应板每孔各加 50μl 细胞生长液，然后按每份血清在微量反应板第一排各占 3 孔，每孔各加 50μl，即为 2 倍稀释；用多道加样器将 2 倍的稀释血清混匀后，吸取 50μl 对应地移入第二排孔内，混匀后即成 4 倍稀释，依此类推，直至稀释到≥256 倍，最后一排的混匀血清各丢弃 50μl；每孔各加含 $100TCID_{50}$/50μl 病毒液 50μl，置 37℃孵育 1h，最后每孔滴加细胞悬液 150μl(含 15 000 个细胞)，盖上灭菌盖，以含少量水分棉球的塑料袋包扎后，置 37℃的 CO_2 培养箱内培养至 3d 为止。逐日记录 CPE。对照系统的各项试验内容、方法与定性试验相同。

(2)结果判定　在对照系统试验成立的前提下，待检血清的中和抗体效价以能使病毒的 CPE 被完全中和的血清最高稀释度的倒数来表示。

注意事项：本试验只能检测有无伪狂犬病毒中和抗体存在，但不能区别抗体是来源于疫苗还是自然感染。

六、琼脂扩散试验

据报道，应用微量琼脂扩散试验(MID)对人工感染、自然感染和疫苗接种猪进行血清学检查，并与中和试验对比，结果显示，MID 特异性好，但敏感性较低。另据报道，应用琼脂免疫扩散试验(AGID)检测临床送检血清并将这些结果与同一份血清的微量中和试验结果做比较，在 102 份血清样品检验中，两种试验方法检出阳性数基本相符。试验结果表明，琼脂免疫扩散试验是一种简便、准确、快速的方法。将AGID用于猪伪狂犬血清抗体检测，并与LAT、SN进行了比较分析。结果表明，AGID对PR可进行特异性诊断、流行病学调查和免疫动态监测。

（一）材料准备

精制琼脂，平皿，打孔器，湿盒，标准阴、阳性血清，标准抗原等。

（二）操作程序

称取1g琼脂粉加入100ml Tris缓冲液（0.05mol/L Tris-HCl，0.05mol/L NaCl，pH值7.2），加热充分融化后滴加叠氮钠至0.01%，将稍凉（60℃左右）的琼脂滴注于平皿（直径为85～90mm）中，每个平皿注入15ml，待琼脂完全凝固后置于湿盒中，4℃保存备用。用外径为3mm的打孔器按六角形图案对琼脂板进行打孔，并挑出孔中的琼脂块，中央与周围孔距为3mm。中央孔滴加抗原，周围孔分别滴加待检血清、阳性和阴性对照血清。将加样后的琼脂平皿置于室温（20℃～25℃），同时保持一定湿度，任其自然扩散。于24h后进行第一次观察，36h进行第二次观察，48h后做最后观察。观察可借助灯光或自然光源，特别是弱反应，要借助于强烈光源才能看清沉淀线。

（三）结果判定

试验设阴、阳性对照组。在阴、阳性对照组均成立的条件下，进行结果判定。

当抗原与待检血清孔间出现特异性沉淀线并与对照血清所产生的沉淀线相融合者判为阳性，阳性血清向被检血清微弯曲为弱阳性反应。不出现沉淀线为阴性。

七、凝集性试验

(一)血凝(HA)和血凝抑制(HI)试验

此法将抗原或抗体致敏于红细胞表面,用以检测相应的抗体或抗原,在与相应抗体或抗原反应时出现肉眼可见的凝集,从而做出诊断。报道的猪伪狂犬病的 HA-HI 试验,结果表明,伪狂犬病毒的血凝,被抗伪狂犬病毒高免血清特异性抑制,这充分证实了伪狂犬病毒血凝抑制试验的特异性和可靠性。对同样两份高免血清的血凝抑制试验测得的血凝抑制效价(1∶64)显著低于中和试验所测得的中和效价(1∶256),浓缩 PRV 抗原的血凝效价显著升高。在临床诊断中,血凝和血凝抑制试验与中和试验相比,具有快速、简便、易于操作的特点。试验方法如下。

1. 红细胞的制备 将小鼠尾尖剪断,插入盛有灭菌的阿氏液的离心管的抽气瓶中,负压抽吸,采血完毕后,将离心管取出,用 PBS 洗涤 3 次,每次 1 500r/min 离心 10min,使用时加 PBS 配成 0.1%的红细胞悬液。

2. 待测血清的预处理 取待测血清 0.1ml 加 PBS 0.3ml,56℃灭活 30min,加入 0.4ml 25%白陶土 25℃振荡 1h,离心取上清液加入 0.1ml 配好的 0.1%红细胞悬液 37℃作用 1h,离心除去红细胞,上清液作为 1∶8 稀释的血清用于 HI 试验。

3. HA 试验操作 选 96 孔 V 型反应板每孔加入 PBS 50μl,在第一排孔的前 6 孔内加入 50μl PRV 病毒液,后两孔作为空白对照,用微量加样器做倍比稀释,即将第一排孔病毒液混匀后吸出 50μl 至第二排孔,均匀混合,再从第二排孔吸出 50μl 至第三排孔,依此类推至最后一排孔取 50μl 弃掉,每孔加入 50μl 0.1%红细胞,在振荡器轻轻混合均匀,以一定的温度（如室温）作用 2h。观察结果，以完全凝集红细胞的最大稀释倍数作为一个血凝单位。

4. HI 试验操作 在 96 孔 V 型反应板每孔加入 PBS 50μl，然后在第一排孔的前 6 孔内加入 50μl 处理过的血清作为对照，用微量加样器将血清倍比稀释，从 1∶2 至 1∶1 024，稀释方法同上。然后每孔加入 50μl 用 PBS 稀释好的 4 个血凝单位的病毒液，每孔分别加入 50μl 0.1%红细胞悬液，混合均匀后室温作用 2h，观察结果。以能完全抑制红细胞凝集的血清最高稀释度为该血清的血凝抑制效价。

（二）乳胶凝集实验

乳胶凝集实验利用抗原和抗体特异性结合的特点，将抗原先用乳胶包被，然后再与相应血清反应，如果几分钟内凝集反应呈现阳性，则判为伪狂犬病毒感染，邱德新等应用血清中和试验（SNT）和伪狂犬病乳胶凝集试验（LAT）诊断试剂盒对两种伪狂犬病标准阳性血清、PRV 高免血清及 60 份被检猪血清进行了 PRV 抗体效价测定和相关性分析，结果表明，两种方法检测结果符合率高，特异性强，LAT 比 SNT 敏感、快速简便和实用。此法需时短，特异性也较强，有利于基层推广应用，缺点就是有时生产不稳定，当以表达产物（gG/gE）致敏乳胶抗原时，制备的乳胶抗原保存期很短，难以适应市场的需要。因此，若要将 gG/gE-LAT 推向市场，还需研制合适的保护剂来延长 gG/gE 乳胶抗原的保存期。我国目前已有商品化的试剂盒出售。试验方法如下。

1. 试验材料 伪狂犬病乳胶凝集试验抗体检测试剂盒，包括伪狂犬病病毒致敏乳胶抗原、伪狂犬病病毒阳性血清和阴性血清、稀释液、玻片、吸头和使用说明书。国内试剂盒由华中农业大学或哈尔滨兽医研究所研制。

2. 样品采集 被测样品采集与处理血清:常规方法采血及分离血清,要求无腐败。全血:用针尖刺破猪耳静脉,用吸头吸取血液 1 滴,直接置于载玻片上。乳汁:按常规方法采集初乳,经 3 000r/min 离心 10min,取上清液体作为待检样品。

3. 操作方法

(1)定性试验 取被测样品(血清、全血和乳汁)、阳性血清、阴性血清、稀释液各 1 滴,分置于载玻片上。各加乳胶抗原 1 滴,用牙签混匀,搅拌并摇动 1～2min,于 3～5min 内观察结果。

(2)定量试验 先将血清在微量反应板或小试管内做连续稀释,各取 1 滴依次滴加于乳胶凝集反应板上,另设对照同上。随后各加乳胶抗原 1 滴。如上搅动并摇动,判定结果。

4. 结果判定 判定标准如下。

(1)"卌" 全部乳胶凝集,颗粒聚于液滴边缘,液体完全透明。

(2)"卅" 大部分乳胶凝集,颗粒明显,液体稍浑浊。

(3)"廾" 约 50%乳胶凝集,但颗粒较细,液体较浑浊。

(4)"+" 乳胶有少许凝集,液体呈浑浊。

(5)"-" 液滴呈现原有的均匀乳状。

注意:对照试验出现如下结果试验方可成立,否则应重试:阳性血清加抗原呈"卌";阴性血清加抗原呈"-";抗原加稀释液呈"-"。以出现"廾"以上凝集者判为阳性凝集结果。

八、其他方法

(一)对流免疫电泳(CIE)

在琼脂电泳时,在琼脂凝胶板两端的一对或多对孔中,分别滴加抗原和抗体,随后通电电泳,抗体因等电点较高(pH

值 6～7)只带微弱的负电荷，不能抵消电渗作用而向阴极移动。这样抗原抗体相向泳动，在两孔之间相遇处形成沉淀带。与 SN 相比，该法具有敏感、特异、快速等特点。对大批量血清的 PRV 抗体的检测，具有潜在的价值。CIE 另一个突出的特点是检测速度快，经适当改进后的 CIE 试验可以用于猪血清中伪狂犬病病毒抗体的常规检测。

(二)胶体金标记技术

胶体金是氯金酸($HAuCl_4$)在还原剂如白磷、维生素 C、枸橼酸钠或鞣酸等的作用下，聚合成特定大小的金颗粒，并由于静电作用成为一种稳定的胶体状态，故称为胶体金。试验表明，该方法操作简单、灵敏度高、特异性好，可用于猪伪狂犬病的临床诊断。

(三)鉴别诊断 ELISA

PRV 鉴别诊断 ELISA 是在使用基因标志疫苗的基础上应用的一类诊断方法。伪狂犬病的基因标志疫苗是在 TK 基因缺失的基础上，将病毒的非必需糖蛋白基因进行缺失，这样得到的突变株就不能产生被缺失的糖蛋白，但又不影响病毒在细胞上的增殖与免疫原性，将这种基因标志疫苗注射动物后，动物不能产生抗缺失蛋白的抗体。因此，可通过血清学方法将自然感染野毒的血清学阳性猪与注苗猪区分开来。这使得通过免疫接种根除伪狂犬病的计划得以实现。目前，缺失疫苗缺失的糖蛋白基因主要为 gE 和 gG 等基因。鉴别 ELISA 有 gE-ELISA，gG-ELISA，gC-ELISA，gB-ELISA 等。

第六节　分子生物学诊断

对于集约化养猪业，在疫病的诊断上要体现“准”和“快”。

伪狂犬病的常规诊断方法虽然具有许多优点，但其费时、敏感性低、烦琐、漏诊、误诊的缺点也同样明显。随着分子生物技术的不断应用和发展，现代分子生物学技术如核酸杂交技术、聚合酶链式反应（PCR）技术、限制性片段长度多态性分析（RFLP）、核苷酸序列分析和基因芯片等，在该病的准确、快速诊断中扮演着重要角色。

一、基因探针技术

（一）国外基因探针的应用概况和效果

由于基因探针具有特异性强、敏感性高的特点，已被用于PRV 的诊断。用基因探针技术可以鉴定野外分离的 PRV，以此获得了流行病学资料；将 PRV 的 DNA 的酶切片段插入质粒^{32}P 标记探针，通过 DNA 分子杂交技术检测了组织中的PRV，也可用斑点杂交法检测 PRV 的 DNA；已经建立了检测感染猪体内 PRV DNA 的原位杂交法和斑点杂交法。用特异性基因探针通过斑点杂交诊断猪的病毒感染，发现斑点杂交法同常规的病毒分离法之间的相关性很好，并证实^{32}P标记探针在感染后 4h 就可检出组织中 20pg 的病毒 DNA，而一般 24～48h 后才能分离到病毒。核酸杂交技术不仅可以检测到血清学诊断阳性的病料，还可以检测出呈潜伏感染状态的病毒 DNA。此外已经建立了检测 PRV 感染细胞、实验感染和自然感染猪鼻和扁桃体样品 DNA 的直接滤膜杂交方法。与 VI 相比较，该方法简便、快速，不需要提纯 DNA，不需要细胞培养设施，15h 内能获得结果，而且杂交过程简单，能检出 10 个感染细胞的量。以生物素和地高辛标记的核酸探针原位杂交技术对猪伪狂犬病的潜伏感染进行检测，结果表明核酸探针原位杂交可从三叉神经节检出 1pg PRV DNA；

如果将病料制成切片，可从单个细胞水平上检出 PRV 潜伏感染。利用原位杂交技术对 PRV 感染后在神经组织中的传播途径进行研究，结果发现鼠鼻内滴入感染 24h 可在三叉神经结检测到病毒，72h 后到达中脑，96h 到达端脑。并证实了该病毒在脑中是跨突触跳跃式传播，并以此为基础绘制了 PRV 在脑中的传播路线图。此外，用原位核酸杂交技术可在食肉动物中有效地检测伪狂犬病感染。

(二)国内研究概况

我国郭万柱等也应用^{32}P 标记探针对 PRV 进行了检测，并取得了成功。李学伍等利用 PCR 特异性扩增产物制备地高辛标记的探针，对闽 A 株、鄂 A 株、Baratna 株、英国株及临床病料进行检测，其结果与 PCR 检测结果相符，准确率为 100%，灵敏度达到 2pg DNA。随着分子生物学技术的发展，DNA 探针诊断 PRV 技术已基本完善，可望用于临床诊断和流行病学调查。

二、聚合酶链式反应技术

(一)概　况

随着生物工程、基因工程研究，PCR 技术也应用到 PR 诊断中。PCR 技术诊断 PRV 具有敏感性高、特异性强、快速、简便等特点，该技术是 20 世纪 80 年代建立起来的一项体外酶促扩增 DNA 新技术，可用于 PRV DNA 的扩增，也适用于检测 PRV 潜伏感染猪，并且能快速鉴别 PR 疫苗毒与野毒。该法灵敏度高，特异性强，采取病料方便。然而试验需专门设备和对于病料进行特殊处理，一般实验室水平有限，难以掌握，随着 PCR 研究的深化，该技术不断地完善和发展，将更趋简便、快速、实用。

(二)研究概况

PRV 的 PCR 诊断方法是 S. Bleak 等率先建立起来的。之后,有学者建立了检验 PRV gB 基因的 PCR 方法,应用它可以从 PRV 感染细胞、鼻细胞、急性与慢性感染的脏器中检测到 DNA。从鼻拭子抽提核酸,通过扩增 PRV 的 gD 基因序列可检测出 PRV,该法也可从潜伏感染猪的扁桃体、三叉神经节、嗅球和脑干中扩增出 PRV DNA。PCR 产物经电泳、凝胶染色,可检出 100fg PRV DNA;同时 PCR 也可用于检测重组疫苗的质量。利用 PCR 技术对来自 19 头猪的 36 份组织样本进行了检测,PCR 产物利用 *Sal* Ⅰ 酶切和杂交技术进行鉴定。检测结果表明 19 头猪的样本中有 15 头(15/19) PCR 反应阳性,而病毒分离只得到了 3 株(3/19)PRV。此方法快速、样本用量少,5h 即可得到检测结果。此外,有学者设计并合成了用来扩增 PRV gD 基因的 218bp 片段,并通过改进 PCR 操作方法建立了能区分来自人和其他动物疱疹病毒的 PCR 方法。

在国内,有学者报道用扩增 PRV gB 基因 778bp 片段的引物建立了检测 PRV DNA 的 PCR 方法。另据报道,应用 PCR 技术对 24 个猪场送检的 314 头新生仔猪和断奶仔猪病料进行伪狂犬病病毒 DNA 片段的检测检出阳性猪场 21 个,占受检猪场的 88%;检出阳性病料是 152 份,阳性率为 48.4%。另外,怀疑为伪狂犬病的 159 份猪鼻拭子样品进行检测,检出阳性猪 120 头,阳性率达 75%。应用 PCR 技术对 PRV 感染细胞及自然发病不同组织进行检测,感染细胞毒最低量为 10^{-5} 个 $TCID_{50}$,病料组织样品最低取样为 0.1mg 时,仍能得到阳性结果,其敏感性显著高于微量中和实验。PRV 在自然发病猪体内分布很广,脑、三叉神经节、嗅球、扁桃体、肺脏、心脏、肝脏、肾脏等组织均有 PRV 的存在，PRV 检出率最高的组织为三叉神经节，其检出率是 100%，其他对照病毒及传代细胞 PCR 产物电泳结果均为阴性。

有报道用扩增的 gD DNA 序列和 gB 基因片段的引物建立的 PCR 方法，可为 PR 诊断和研究提供了一种更为敏感的手段。对常规 PCR 法进行了改进，可使 PCR 技术更趋于实用化。选择 gD 基因作为设计引物的依据和扩增检测对象，采用高速离心获得的染毒细胞经短时间 100℃ 水浴，达到释放出现病毒 DNA 模板的目的，大大简化了以往的 PRV PCR 检测中提纯病毒、抽提病毒 DNA 制备模板的较复杂的过程，将细胞毒样品的 PCR 检测试验缩短到 4h 内完成。根据已发表的伪狂犬病病毒 gE、gI 基因的序列，设计并合成一对引物，以 PRV 蓉 A 株细胞培养毒为模板，建立了区分 PRV 野毒株和疫苗弱毒的鉴别 PCR 方法。该方法能从 PRV 蓉 A 株(RA)、上海株(SH)、鲁 A 株(LA)中扩增出一条 848bp 的片段，但 Bartha-K61 株没有扩增出该片段。对正常细胞与其他 6 种引起猪病毒性疫病相关病毒：猪水疱性口炎病毒(VSV)、猪瘟病毒(HCV)、猪繁殖与呼吸综合征病毒(PRRSV)、猪乙型脑炎病毒(JEV)、猪细小病毒(PPV)和猪圆环病毒 2 型(PCV2)进行检测，结果均为阴性，没有出现交叉反应。对 PRV 蓉 A 株细胞毒提取物 DNA 进行检测，其最低检出量为 5pg。PCR 对感染野毒的发病猪不同组织器官检测发现，淋巴结检出率最高，依次为脾脏、脑(海马角)、肺脏、肾脏、肝脏等。

2003～2004 年江苏、浙江、安徽、福建、上海等省(市)的 37 个大中型猪场送检的 172 份病料进行 PCR 检测病料阳性率为 20.34%(35/172)，猪场阳性率为 40.54%(15/37)。由于目前所用基因缺失弱毒疫苗基本上都带有 gE 基因缺失。因此，所建立的 PCR 方法可用于伪狂犬病野毒感染的快速鉴定和流行病学调查。根据 PRV、PRRSV 和 SIV 保守基因设计了 3 对多重 PCR 引物，建立 PRRSV，SIV 和 PRV 单项 PCR 检测方法，并在优化单项 PCR 反应条件（引物浓度、Mg^{2+} 浓度、退火温度等）基础上，初步建立了 PRRSV-PRV-SIV 多重 PCR 检测方法，检测结果表明该多重 PCR 检测方法有较高的敏感度，可以用于临床病料的检测。

此外，还可根据毒株间的基因差异，设计相应引物进行鉴别 PCR 方法以区分疫苗株和野毒株。

（三）荧光定量 PCR

定量 PCR 技术是在 PCR 定性技术基础上发展起来的基因定量技术，克服了原有的 PCR 技术存在的不足，能准确敏感地测定模板浓度及检测基因变异等。研究者以伪狂犬病毒（PRV）保守的 gE 基因序列为参考，设计、优化出一对特异的 PCR 引物和一条 Taqman 荧光探针，结合 Rotorgene 检测系统，建立一种快速定量检测伪狂犬病毒的荧光定量 PCR 技术。该方法线形范围为 $1\times10^{2}\sim1\times10^{7}$ 拷贝/μL，灵敏度达 10^{2} 拷贝/μLDNA，比常规 PCR 高 10 倍。检测的特异性明显高于常规 PCR，同时避免了常规 PCR 因电泳造成的污染。应用该技术检测 66 例猪组织或鼻咽拭子样品，阳性 42 份，阳性检出率为 63.6%（42/66）。与病毒分离培养、常规 PCR 相比较结果显示，该方法具有快速、灵敏、特异、重复性好和能定量检测等优点。该方法可用于猪场 PRV 感染的快速定量检测和肉类食品进出口检疫。此外，还可建立区别伪狂犬病病毒株和疫苗株的荧光实时定量 PCR 方法。在伪狂犬病病毒 gE 和 gB 基因区域内分别设计两对引物和一条 gE 荧光探针，利用荧光定量 PCR 原理，结合 PE7700 检测系统，建立了定量和鉴别检测伪狂犬病毒野毒株与疫苗株的荧光定量 PCR 方法。结果表明 gE-MGB Taqman PCR 灵敏度达 10^1 拷贝数量级，线性范围为 10^7～10^1 拷贝/反应，达 7 个数量级。其灵敏度显著高于 gE-SYBR green PCR 和普通 PCR。应用 gE-MGB-Taqman PCR 检测 18 份冰冻组织样品，阳性率为 15/16(除 2 份弃去)，与血清中和结合细胞 MTT 比色试验结果比较，符合率为 100％。荧光实时定量 PCR 方法以闭管的模式操作，减少了以后步骤污染的可能性，整个 PCR 检测过程少于 2h，适于快速诊断和检测。

第六章　免疫与疫苗

第一节　免　疫

一、免疫的概念

免疫是指机体的一种生理性保护功能。它包括机体对异物(病原生物性或非病原生物性的)的识别、排除或消灭等一系列过程。这种过程可能引起自身组织损伤,也可能没有组织损伤。概括起来说,免疫系统的功能主要表现为3个方面,即防御功能、稳定功能及免疫监视作用,这些功能一旦失调,即产生免疫病理反应。机体的免疫能力可大致分为特异性免疫与非特异性免疫两种,两者是密切联系的。非特异性免疫是生物在种系发展过程中不断与病原微生物斗争中形成的,并可遗传给后代的一种免疫功能。它是与生物体的组织结构和生理功能密切相关的。特异性免疫是机体在后天受内外环境因素的刺激而获得的免疫功能,它能识别再次接触的相同抗原,并做出相应的反应,它需要在高度分化的组织和细胞的参与下才能完成。

二、猪伪狂犬病免疫的研究概况

病后康复猪具有高度的免疫性,人工接种强毒(包括经鼻途径)不能引起发病。据检测,病后3周猪的血液中,病毒中和抗体达最高水平,可持续约18个月。人工接种幼猪试验表明，感染后 7d 开始出现低水平的中和抗体，14d 血清抗体效价为 4～128 倍，21d 血清抗体效价为 8～256 倍。

本病耐过母猪可经初乳将抗体传给后代。据资料显示，这种抗体可在仔猪体内存在 5～7 周，在此期间以强毒经鼻攻击时，仔猪不表现临床症状，但有亚临床感染，这是通过从攻毒仔猪的口鼻拭子检样中分离到病毒而证实的。此外，笔者对人工接种疫苗(包括弱毒疫苗和灭活疫苗)母猪所产的仔猪，也做了攻毒试验，结果与上述自然感染情况相同，攻毒仔猪经亚临床感染过程后，都建立了自动免疫。

由于本病有突然暴发和流行期持续很短(不超过 2 周)的特点，为了在短期内保护新生仔猪和乳猪，可应用免疫血清进行紧急预防和治疗。猪和马是生产高免血清的适宜动物，尤以猪为佳。应用提纯的 γ 球蛋白，其效果优于全血清。

关于疫苗研制的报道极多，包括灭活疫苗和弱毒疫苗。近年的趋势主要是发展弱毒疫苗，因为灭活疫苗的免疫效果不如弱毒疫苗。

欧洲有两种受到重视的灭活疫苗，一种是罗马尼亚疫苗，它是用名叫“B、C”的强毒毒株经猪肾细胞培养，用皂素灭活，加氢氧化铝佐剂制成。另一种也是用强毒株经 IBRS-2 细胞系培养，用 40％甲醛溶液灭活，加油佐剂制成。对接种氢氧化铝佐剂疫苗的仔猪做人工攻毒时，保护率为 85％；油佐剂疫苗为 100％。40％甲醛溶液灭活疫苗试验结果表明，免疫组仔猪对人工攻毒的保护率为 95.5％，对照组仔猪攻毒后 100％发病，38％死亡。我国制造过鸡胚细胞培养的氢氧化铝疫苗，主要用于耕牛。

近些年来，弱毒疫苗的应用已日渐增多。其中值得注意的有通过鸡胚传代的布加勒斯特毒株弱毒疫苗，用鸡胚成纤维细胞传代的“K”疫苗（或 Bartha 疫苗）和用鸡胚或猪肾细胞培养物传代的“BUK”弱毒疫苗。

在美国有两种供出售的疫苗。一种是经过猪肾细胞传代和减毒的“BUK”弱毒疫苗。另一种是灭活疫苗，肌内注射1ml，对人工攻毒有 100%保护力。

在中欧和东欧本病呈地方性流行的地区，由于应用了弱毒疫苗，已收到显著效果。接种必须实施于全部猪只，虽有可能引起新生仔猪感染，但可注射免疫血清或耐过猪血清解决。部分猪在接种疫苗后虽然血清中含有中和抗体，但排毒期仍可持续年余。这种排毒对预防感染有重要意义，因其能使接种动物的免疫力增强，并使接种疫苗后产生免疫力低的动物因接触病毒而增强免疫力。

伪狂犬病血清阳性猪的再感染问题，已受到人们的注意。有学者将来自 19 个猪群的 27 头伪狂犬病血清阳性猪单独隔离，并用地塞米松做免疫抑制处理，从其中的 4 头猪分离到伪狂犬病病毒。稍后，在这 4 头猪所在的 4 个猪群中，有 3 群暴发了伪狂犬病。这表明血清学阳性猪仍能被伪狂犬病病毒再次感染，并具有在猪群内传播病毒的潜在危险。当然，也可能是因这些血清阳转猪隐性带毒的结果。

为了解决强毒和弱毒疫苗毒株间的鉴别问题，一些研究者做过比较试验。对欧洲目前常用的“K”、“BUK”两个弱毒疫苗株与美国强毒株间某些特性的研究中发现，对胰蛋白酶敏感性和对实验动物的毒力都有明显差别，而且发现“K”和“BUK”两者间也有不同的特点。应用敏感细胞培养物（多用猪肾或兔肾细胞）做蚀斑试验，也是鉴别强毒株和弱毒株的一种手段。强毒株形成的蚀斑总是很小，而弱毒株的蚀斑则很大，有的直径可达 8～10mm。

为了提高疫苗的免疫效果和无毒性，研究者在1983年研制了猪伪狂犬病亚单位疫苗，将离心沉淀的病毒粒子和感染细胞的混合物，用非离子型去污剂NP-40处理，然后将提取的蛋白质用不完全福氏佐剂乳化，制成PRV亚单位疫苗。用该疫苗对3头无PRV抗体的7周龄小猪以3周间隔做2次肌内接种。在第二次疫苗接种后30d，用组织培养感染剂量为10^6的PRV强毒株进行鼻内接种。于攻毒后的2～10d用棉拭子逐日收集扁桃体分泌物和鼻汁，以检测是否排毒，结果表明，接种亚单位疫苗的猪没有发现排出PRV强毒。另外2组各用5头7周龄的猪接种商品疫苗，即弱毒疫苗和灭活疫苗，随后以PRV 10^6 $TCID_{50}$强毒攻击，至8d仍可排出病毒。亚单位疫苗诱发的病毒中和抗体，看来明显高于弱毒疫苗或灭活疫苗。

随着对PRV分子结构研究的深入和与毒力有关基因的定位，人们将分子生物学和基因工程技术引入PRV基因组的精确改造，成功地获得了基因缺失突变株疫苗，成为为数不多的商业化基因工程疫苗之一。制备的Telvid疫苗，是通过DNA重组技术除去伪狂犬病病毒强毒株中的两个基因：胸苷激酶基因及gG基因。除去TK基因的工程病毒不会回复为野毒。用此疫苗接种的猪能在血清学上与感染猪相区别，因为它除去了gG基因，而所有伪狂犬病野毒都有gG抗原决定株。

田间免疫试验证明重组DNA疫苗安全有效。猪不再出现伪狂犬病症状，即使用疫苗做静脉接种，妊娠各个阶段的母猪都很安全。疫苗毒仅在接种和吸收部位的局部淋巴结有限增殖。与之接触的动物（6～8周龄仔猪、妊娠母猪、种公猪）都不会感染，表明疫苗毒不在鼻咽部位复制。这种疫苗病毒不再因连续传代而导致抗原表位变化，且仍具有较好的保护作用。

试验猪攻毒之后的增重情况，是疫苗保护效果的重要参数，因为这是猪只是否患病的客观指标，而且还直接同经济效益有关。无论在免疫后 3 周及在生长末期攻毒，该疫苗均获得了良好的保护效果。

在猪被 PRV 感染或免疫后的 6～8d，猪血清内可检测出 IgM，随后逐渐出现 IgA 和 IgG，免疫后的 6～10d，IgA 和 IgM 在黏膜分泌物如唾液、泪水和肺内出现，并可维持 1～3 个月，但再次免疫时，在黏膜免疫中的 IgA 和 IgM 很微弱，甚至检测不出 IgM 和 IgA。因此，黏膜免疫中的 IgA 并不能给动物提供完全的保护，血清内 IgA 和 IgM 维持时间较短，但 IgG 持续很长时间，是抗 PRV 感染的主要抗体成分。IgM 和 IgG 都有中和 PRV 的功能，并且中和活性能被补体增强；它们能通过补体介导的细胞毒作用发挥杀 PRV 感染细胞的作用。在猪体内，针对病毒囊膜糖蛋白 gE 的抗体对 PRV 几乎没有中和活性，gE 不是 T 淋巴细胞识别的靶抗原，不能刺激机体产生细胞免疫应答，表明 gE 对诱导机体的保护性免疫意义不大，并且 gE 是病毒增殖非必需基因，缺失 gE 不会影响 PRV 的免疫原性，注射 gE 缺失 PRV 疫苗的猪群仍可以抵抗野毒的攻击。因此，gE 缺失的 PRV 疫苗在伪狂犬病的根除计划中得到广泛的应用。

PRV 诱导的抗体水平较低，抗体虽然在免疫保护上有一定作用，但抗体效价与保护效力之间并不相关。无论灭活疫苗还是弱毒活疫苗，免疫后都能诱导中和抗体产生，而这种低水平的中和抗体可以使动物获得保护，表明细胞免疫在 PRV 的免疫上占主导地位。一般采用接种疫苗来预防伪狂犬病临床症状的出现，常用疫苗有灭活疫苗和弱毒活疫苗，虽然两种疫苗都不能阻止动物再感染和潜伏感染的发生，诱导的中和抗体水平几乎相当，但弱毒活疫苗能诱导机体出现很强的细胞毒性T淋巴细胞反应(CTL)，淋巴细胞增生和IFN-γ反应，细胞免疫水平与免疫保护之间呈一定的正相关。因此，弱毒活疫苗的免疫保护效果更好。我国学者在成功分离PRV鄂A株的基础上，研制出PRV油乳剂灭活疫苗，对断奶仔猪和初生仔猪保护率分别高达100%和90.62%，有效地控制了伪狂犬病的流行。

随着分子生物学技术的发展和应用，利用分子生物学技术将PRV进行改造，出现一些基因缺失PRV弱毒疫苗株，特别是gE缺失和gG缺失毒株的成功构建和临床应用，常规血清学检测方法(ELISA，LAT等)的应用和相应的鉴别诊断方法如gE-ELISA，gG-ELISA的建立，这些将是PRV根除计划实施的技术基础。同时，PRV基因缺失弱毒株作为一种活病毒载体，构建的含其他病原免疫源性基因的重组PRV，在猪病的防制上日益显示其应用价值，达到一针预防多病的效果，正因为如此，以PRV缺失弱毒疫苗株为载体，构建二价甚至多价重组PRV疫苗成为研究的一个热点。另一方面，将PRV的主要免疫原性基因如gB，gC，gD等克隆在牛痘病毒(Vaccina virus)、猪痘病毒(Swinepox virus)、腺病毒(Adeno virus)等病毒中进行表达，用表达的亚单位疫苗免疫动物可以抵抗强毒的攻击。PRV的核酸疫苗也是目前PRV研究的另一热点，gC，gD的基因免疫已证明核酸疫苗在PRV的免疫预防上很有价值。

三、伪狂犬病毒的致弱

猪伪狂犬病的根除计划的成功实施主要是由于所应用的

减毒活疫苗的有效性和安全性。为了控制猪伪狂犬病，用经典方法诸如病毒的体外连续传代，药物抗性或温度敏感选择致弱的活疫苗已经使用很长时间了，其代表就是 Bartha 株，是目前所有 PRV 疫苗中的经典。对该毒株长达 15 年以上的分子生物学分析，最终鉴定出致毒力减弱的病毒基因组的 3 处突变。Bartha 株含有 US 区一大段缺失，它包括部分的 gI 基因、全部的 gE 基因和 US9 基因以及部分 US2 基因。其 gC 基因也有几处突变，其中包括氨基末端信号序列的 1 个氨基酸的替换，这就使得 gC 蛋白不能有效地完成细胞内的易位，并不能装配到病毒囊膜中去。UL21 基因(其产物与衣壳形成有关)内的点突变使 Bartha 株的毒力减弱。这 3 处缺失的全部修复对病毒毒力的恢复是必需的。因此，Bartha 株包括了 3 处独立的致弱缺失，这是其非常安全的原因。不仅如此，Bartha 株还表达了经额外修饰的 UL10 基因的蛋白。UL10 基因产物是整个疱疹病毒中均保守的非必需糖蛋白 gM。令人吃惊的是，Bartha 株 UL10 基因所含有的突变消除了，gM 蛋白仅含有的 1 个 X 糖基化位点，因此 Bartha 株的 UL10 基因产物没有被糖基化，因而不能称其为“gM”。但很明显这个突变并不影响 Bartha 株的毒力。

在寻求控制伪狂犬病的过程中，基因工程的方法首先被应用于灭活 TK 基因而研制弱毒株。事实上，一个 TK 失活株正是第一个获得批准使用的基因工程致弱活疫苗。另一个里程碑是用相似的基因操作致弱后的毒株被批准在西欧使用。如上所述，Bartha 株自然缺失了 gE 基因，据此建立了一种血清学方法，用以区别野毒感染后带有抗 gE 抗体的动物和疫苗免疫后缺乏抗 gE 抗体而带有抗其他 PRV 糖蛋白抗体的动物。因此，“标记”疫苗的概念产生了。基于这些标记疫苗的猪伪狂犬病根除计划的成功实施验证了这一概念的适用性。同时，除 gE 缺失外，gC 和 gG 基因缺失株也可被用作标记疫苗，也主要是通过基因工程的方法来缺失的。因此，PRV 是分子生物学和基础科学深刻影响实际动物疾病控制的极好例证。除 TK，RR 和 gE 外，其他几种 PRV 基因的灭活也已证明可使病毒致弱。事实上，大多数编码病毒在细胞培养上复制非必需产物的基因灭活或多或少地都会降低 PRV 的毒力，其中已发表的例子见表 6-1。可以断言，当今用基因工程技术可以改造许多病毒的基因，使之成为具有不同特征的弱毒疫苗株。

表 6-1　与调节 PRV 毒力有关的非必需基因和蛋白

基　因	蛋白质	分　类
UL10	gM	囊膜糖蛋白
UL13	PK	酶
UL21		衣壳蛋白
UL23	TK	酶
UL39/40	RR	酶
UL44	gC	囊膜糖蛋白
UL50	dUTPase	酶
US3	PK	酶
US7	gI	囊膜糖蛋白
US8	gE	囊膜糖蛋白

第二节　疫　苗

控制伪狂犬病，应采取综合性措施，如引种时的检疫，加强环境的消毒及灭鼠等。在现阶段，伪狂犬病呈现高感染率和高发病率，疫苗的作用是不可替代的，因此免疫接种是预防和控制甚至消灭伪狂犬病的根本措施。目前用于预防该病的疫苗有以下几种。

一、弱毒疫苗

弱毒疫苗株是通过非猪源细胞或鸡胚的反复传代，或在某些制突变剂的存在下，用高于通常的培养温度反复用细胞继代获得的。目前使用最多的是 Bartha-k61 株和 Buk 株，其他还有 Norden、GNKI、MK-35、NIA-4、Aifort26 和 FB-180 等。Bartha-K61 株是用 Bartha 株经过猪肾、鸡胚和鸡胚细胞反复传代致弱的一个弱毒株。运用分子生物技术分析该毒株基因组，发现存在多处突变：UL 区 gC 基因、UL10（gM 基因）和 UL21 存在点突变。

Buk 株是将 Bucharest 株通过鸡胚和鸡胚成纤维细胞多次继代获得的弱毒疫苗，对基因组分析后发现 US 区绝大部分 gE 基因发生缺失。总的来说，弱毒疫苗（天然基因缺失疫苗）免疫效果较好，它被认为是根除伪狂犬病而加强疫苗免疫接种的最佳选择之一。

二、灭活疫苗

将野毒株用 BHK21、IBRS2、PK15 等细胞进行细胞培养，用灭活剂处理后加入佐剂制成灭活疫苗。灭活疫苗虽然安全性较好，但它不能将内源性蛋白抗原提呈给免疫系统，因而不能诱生细胞毒性 T 细胞反应（CTL），而 CTL 可能在保护性免疫中起主导作用，因此灭活疫苗保护效力不如弱毒疫苗。由于灭活疫苗抗原成分含量高以及灭活过程中主要抗原决定簇的丢失，因而需要多次免疫接种；另外应用的佐剂也能对机体产生副作用。

三、亚单位疫苗

亚单位疫苗是利用 PRV 保护性抗原基因，在原核或真核系统中表达所获得的产物制成的疫苗。它具有许多优点。①安全性好。疫苗中不含任何病原微生物，接种后不会发生急性、持续或潜伏感染，可用于不宜使用活疫苗的某些情况，如妊娠动物。②可以减少或消除常规活疫苗或灭活疫苗难以避免的热原、变应原、免疫抑制原或其他有害的反应原。③疫苗稳定性好，便于保存和运输。④产生的免疫应答可以与野毒感染所产生的应答相区分，有利于疫病的控制和消灭。⑤可以大量生产。

伪狂犬病毒亚单位疫苗是将 PRV 主要免疫源性基因 gB、gC、gD 克隆到表达载体上，将表达产物用物理化学方法纯化后作为疫苗使用。在伪狂犬病病毒目前已发现的 11 种糖蛋白中，gB、gC、gD 均能诱导机体产生中和抗体。用亚单位疫苗免疫小鼠和猪，均能够诱导抗体应答和淋巴细胞增殖反应。用此亚单位疫苗免疫 2 次，能够保护小鼠免受致死量的 PRV 强毒的攻击。

四、基因缺失疫苗

PRV 基因工程缺失疫苗是利用基因工程技术在 PRV 基因组中插入或缺失一段序列致使 PRV 的某些基因不能表达，从而致弱 PRV，同时又保持其较强的免疫原性，而其中缺失的主要是其毒力基因胸苷激酶，蛋白激酶，核苷还原酶和脱氧尿苷三磷酸激酶以及一些具有免疫原性的糖蛋白 gG、gE、 gC、gD 等。目前据此已成功构建了多种单基因、双基因及多基因缺失疫苗。

(一)单基因缺失疫苗

1. TK 基因缺失疫苗 由 UL23 共同编码的胸苷激酶基因是 PRV 的主要毒力基因之一,TK 失活的 PRV 仍能在分化细胞中复制,但在神经细胞中的复制能力极弱,毒力大大减弱且不会返强,因而更加安全。TK 基因缺失株经生物学和动物试验证明其对 Balb/c 小白鼠有较高的安全性,接种猪能产生很强的免疫力并能抵抗 PRC 强毒的攻击,但是,仅缺失 TK 基因的弱毒株对犊牛还有较低的毒力,对狗、猫毒力更强。TK 基因缺失疫苗不仅能较好地免疫猪只,而且免疫猪后还可以通过 PCR 方法将免疫接种猪与自然感染猪区分开来,但是,由于 TK 基因属于酶蛋白基因,在体内不能产生其相应的抗体,因此仅缺失 TK 基因不能用血清学方法区别开免疫接种猪与自然感染猪,要将此区别开来必须缺失相应的糖蛋白基因。

2. gM 缺失疫苗 gM 蛋白由 UL10 基因编码,是 PRV 的一个必需糖蛋白。将 gM 缺失的 PRV 通过鼻内接种 6 周龄猪,其排毒量比接种野毒株的对照猪减少了 100 倍。

3. RR 缺失疫苗 除胸苷激酶(TK)外,US3 基因编码的蛋白激酶(PK),UL39 和 UL40 基因编码的核苷酸还原酶(RR)也是影响 PRV 毒力的因素,对这些基因进行缺失,可降低其毒力。构建的 RR 单基因缺失株以及 gE/RR 双基因缺失株对小鼠和猪均无毒力。免疫接种猪排毒量减少,可产生中和抗体,并且可耐受致死量的强度攻击。

4. UL50 缺失疫苗 PRV UL50 基因编码的脱氧尿苷三磷酸激酶(dUTPase)是 PRV 的一个主要毒力酶蛋白。

UL50-PRV 突变株接种猪后能抵抗致死量 PRV 的攻击。

除以上所述，还构建了 US3（编码蛋白激酶）、UL13（编码碱性核酸酶）、LLT 基因的缺失突变株。研究证明，它们对猪的毒力均有所降低。其中有些突变株接种动物后排毒量大大降低，并且具有较好的保护性。

（二）双/多基因缺失疫苗

鉴于仅缺失 TK 基因不能用血清学方法区分免疫猪与自然感染猪，第二代基因缺失疫苗除了缺失胸苷激酶（TK）基因以外，另外在编码非必需糖蛋白基因内缺失一段基因，或插入一个报告基因。突变株不能产生被缺失的蛋白，不但进一步降低 PRV 毒力而且由于免疫动物不能产生相应的抗体，故可以通过血清学方法鉴别免疫接种猪和野毒感染猪，这是第二代基因缺失疫苗的最显著特点，迄今为止，已经构建了以下几种应用较广的基因缺失标志疫苗。

1. TK^-/gE^- 疫苗　该疫苗株是从 NIA-3 和 NIA-4 毒株发展而来的。动物试验证明，它对绵羊、牛和小鼠是无毒力的，接种猪能抵抗 PRV 强毒的攻击。因而不能表达 gE，所以可以用 gE-ELISA 方法鉴别免疫接种猪和自然感染猪。

2. TK^-/gX^- 疫苗　由亲本株（TK^-）毒株进一步缺失 gG 基因而构建的一个疫苗株，疫苗株在 TK 基因有 76 个核苷酸缺失和 gG 基因缺失。除对牛和狗有一定毒力外，对小鼠、猪、绵羊均无毒力，接种猪能抵抗 PRV 强毒的攻击，用 gG-ELISA 可将 PRV TK^-/gG^- 毒株接种猪与野毒感染猪区别开来。

3. TK^-/gC^- 疫苗　该疫苗是在 PRV 由 BUK-d13 株的基础上进一步缺失了 gC 基因序列的约 1 100bp 的 SalI 片段而成的一个血清学标志疫苗。该疫苗株在 TK，gC 和 gE 3 个基因都存在缺失，因此可用 gE-ELISA 来区分免疫接种动物和自然感染动物。

4. TK^-/gD^- 疫苗 从 TK^- 突变株缺失 gD 而得，它比亲本株毒力更低，能通过表型互补建立感染，但只能通过直接的细胞到细胞扩散，故不引起传播。

在国内，有学者在 PRV Ea TK^- 株的基础上构建了 PRV Ea TK^-/gG^-、TK^-/gE^- 疫苗株，以及 PRV 闽 A TK^-/gG^-、TK^-/gE^-、TK^-/gC^- 株等。此外，还有报道构建了含 gG、gD、gE、gI 缺失的 4 个基因缺失疫苗株。

上述双缺失或多缺失疫苗株经临床验证，都很大程度地降低了 PRV 的毒力，而且由于免疫动物不能产生所缺失基因相应的抗体，因而可用血清学方法鉴别免疫接种猪与野毒感染猪。目前已建立的检测方法有 gGE^- LISA、gC-ELISA 和 gE^- ELISA，而其中 gE^- 作为检测标志的运用又最为广泛。

（三）插入报告基因的基因缺失疫苗

有的学者在 PRV 中插入一个报告基因，通过它作为重组病毒的筛选标志以及用它来研究 PRV 在体内的潜伏感染，并在此基础上构建了插入缺失疫苗株。如 1991 年有学者分别用 β-半乳糖苷酶（β-LacZ）、荧光素酶（LUC）作为报告基因插入到 PRV 中 gG 启动子下游对 PRV 感染小鼠后在体内增殖的动力学进行了研究。华中农业大学病毒室构建了 TK^-/$LacZ^+$、gG^-/$LacZ^+$ 及 TK^-/gG^-/$LacZ^+$ 突变株。通过生物学和动物试验，TK^-/$LacZ^+$、TK^-/gG^-/$LacZ^+$ 都大大降低了 PRV 的毒力，免疫接种后都能抵抗强毒的攻击，而且由于 gG 基因是一个强启动子，gG^-/$LacZ^+$ 突变株的构建为其他基因工程疫苗的构建打下了坚实的基础。但是 β-

LacZ、LUC 等报告基因属外来基因，在生物体内有可能影响其生物学特性，而对生物体产生一些负面的影响；再者，用于生物体的生物制剂是不允许随便带入外来基因的，因而这些插入报告基因的基因缺失疫苗，一般只能用来作为研究伪狂犬病的潜伏感染及其体内增殖的动力学的一种手段，不能作为商品进入市场。

（四）基因缺失疫苗的优缺点

基因缺失疫苗虽然具有安全、效力高、免疫源性好等优点，但是其在引起潜伏感染或激活为感染性病毒及排毒等方面，同样存在着极大的危险性。而且，基因缺失疫苗还存在着可与不同的基因缺失疫苗或野毒间发生基因互补而重组产生强毒株的危险性，此已有研究证实。有学者报道在绵羊中发生 PRV 重组，疫苗毒株获得了毒力标志，而导致羊伪狂犬病的暴发，并证实了同时感染两种不同基因型和免疫标记的弱毒株可导致重组的发生。高滴度的两种病毒同时接种时重组发生率较大。但实际上，临床上是很难具备太高滴度病毒的，因为疫苗病毒很快将会从免疫动物体内清除。因此，基因缺失疫苗间可能发生重组，但重组互补发生率并不是很高，只要正确地使用疫苗，尽量避免疫苗毒株的排出，比如尽量不采用滴鼻接种方式进行免疫接种等，以及避免同时接种大剂量的能互补病毒等，则可减少重组的发生。另外，基因缺失疫苗还可能引起猪生殖道的疾病。

但总的来说，基因缺失疫苗较灭活苗、弱毒苗在安全性、免疫原性等方面都有了很大的提高，是当前防治伪狂犬病最为安全、实用的疫苗，只是为了得到更安全的基因工程疫苗，还必须对 PRV 各基因的功能做深入研究。

五、基因疫苗

基因免疫(gene vaccination),又称核酸免疫(nucleiacid vaccination)或DNA免疫,是将可表达保护性免疫源蛋白的质粒DNA直接导入动物体细胞,使抗原蛋白经过内源性表达并提呈给免疫系统,诱发机体产生特异性的体液免疫和细胞免疫反应,形成对相应病原的免疫保护作用。用于免疫注射的质粒DNA被称为基因疫苗、核酸疫苗或DNA疫苗。M. Motail等首先将这一技术引入伪狂犬病毒的研究。他们构建了由腺病毒乙型晚期启动子的含PRV gD基因的真核表达质粒PMLPLO-gD用于免疫新生仔猪,结果和经过加强免疫1次的仔猪,能够产生中等水平的抗体。此后,有学者将gC、gD基因分别克隆到人巨细胞病毒的立即早期启动子的下游构成两个重组质粒分别接种猪,结果接种有gC重组质粒的猪能完全抵抗致死的伪狂犬病病毒75V 19株的攻击。

DNA疫苗最大的优点是,能克服伪狂犬病病毒的潜伏感染,而且能激发细胞免疫,因此备受人们的青睐,目前已构建了gD基因、gC基因的表达载体在真核细胞中得到很好的表达,并注射动物,初步结果表明,这些表达质粒均可激发高水平的抗体。

DNA疫苗自诞生后,人们在对其免疫机制、免疫方法和途径及免疫佐剂等进行积极研究的同时,不断地认真审视和研究伴随DNA免疫的诸如免疫后能否产生抗DNA抗体、免疫耐受或超免反应以及是否会导致宿主细胞恶性转化等可能的缺点和不良后果。其中DNA疫苗能否导致宿主细胞恶性转化为人们关注,也是DNA疫苗应用于临床的最大障碍。因此,要在临床上使用DNA疫苗,还需要进一步深入研究。

六、重组疫苗

(一)以腺病毒为载体的重组疫苗

腺病毒作载体具有如下优点:感染的宿主细胞种类广泛,可诱导黏膜免疫,基因组较大,插入外源基因而不影响病毒的正常包装,携带外源基因重组病毒稳定性好,在体外能较高效表达外源蛋白,安全可靠。有学者以EIA复制缺陷型腺病毒为载体,构建了一株表达PRV gD的EIA-重组腺病毒Ad-gD。接种该病毒的兔和小鼠产生对gD的免疫应答,可以抵抗致死量PRV的攻击。猪接种该重组病毒后产生高水平的抗gD抗体,可有效抵抗强度攻击。

(二)以痘病毒为载体的重组PRV疫苗

痘病毒作为重组疫苗载体具有以下优势:插入外源DNA的容量大,病毒较稳定,没有致癌性,接种方法简便。有学者构建了表达PRV gD的重组痘病毒,接种小鼠后能产生不依赖抗体的中和抗体,攻毒后得到保护。而分别表达gB、gC、gD的重组NYVAC痘病毒都诱导猪产生保护性免疫应答,在攻毒后猪的排毒量也大大降低。有学者对表达gD、gB/gD的两株重组NYVAC痘病毒通过猪体进行对比试验,两者产生相近的中和抗体滴度。以猪痘病毒作为载体,除具备痘病毒载体的特点外,还具有猪宿主特异性特点。

(三)以疱疹病毒为载体的重组伪狂犬病疫苗

猪的重组疫苗大多是以疱疹病毒为载体的活载体疫苗,目前,以伪狂犬病毒为载体的重组PRV疫苗研究广泛。其原因:一是伪狂犬病毒宿主范围广,基因组庞大(150Kb),基因组容量大,有许多病毒非必需基因,可以插入和表达多种重要传染病基因;二是伪狂犬病毒较稳定,免疫原性持久,删除毒力基因的 PRV 活载体疫苗能诱发体液免疫和细胞免疫，避免了灭活苗免疫的缺点，又无常规活苗毒力返祖之虞，安全性好，无致癌性，接种方便安全，适于进行基因工程活载体疫苗的研究。所以该病毒已逐渐发展成为哺乳动物细胞系统的高效表达载体，进行基因工程药物和基因工程疫苗，特别是进行多价基因工程活疫苗的研究和开发，是一种理想的痘病毒替代物。

自 1987 年以来，国外某些实验室先后利用 PRV 基因缺失株作载体，成功地构建了多种重组疫苗株。这些重组疫苗不仅不影响 PRV 的增殖以及强弱毒鉴别诊断，而且优化了伪狂犬病病毒弱毒疫苗株，有助于预防和根除伪狂犬病，具有广阔的市场前景。

重组病毒不易产生毒力回复，对动物的安全性很好，但重复使用会引起机体对载体的免疫反应，而且有些载体有潜在的致癌性，会对人类和动物构成潜在威胁。因此，还应加深研究，开发宿主特异性、低毒力，复制缺陷型或对人类无致病性的载体。

第七章　防制措施

第一节　规模化养猪场的生物安全体系

一、我国规模化养猪的特点

我国规模化养猪已有相当数量和一定的规模，也是今后养猪发展的方向，其特点是：规模大、猪的数量多、饲养密度高、猪只活动范围小、环境应激因素多、猪群周转快、不断补充新猪源，与市场交往频繁，生产工艺先进，有较完整的一套养猪技术，包括优良品种、全价配合饲料、科学饲养管理、配套的建筑和设备等，其中建立现代的兽医防疫体系、疾病防治体系，防制猪只疫病发生十分重要。由于规模化养猪的规模大、数量多、饲养密度高，也就为某些传染病的发生、传播和流行创造了适宜的条件，一旦有疫病的传入和发生，很快就可能在猪群中传播开来，造成很大的经济损失。我国养猪业由传统的千家万户分散饲养转变为集约化养猪的这一饲养方式的变革，给养猪管理者、养猪生产者和兽医防疫工作者提出了新的要求，也是一个值得兽医管理和技术服务人员不断探索、总结和发展的新课题。

二、规模化养猪场防疫体系建立的基本原则

第一，坚持“预防为主，防重于治”的方针，重点研究提高猪群整体健康水平、防止外来疫病传入猪群、控制与净化猪群

中已有疫病的策略与技术措施。

第二，疫病的发生和流行都与其决定因素相关，任何一种疫病的发生与流行都不是单一因素造成的。这些因素包括致病因子、环境因子和宿主因子，三者相互依赖、相互作用，从而导致了猪群群体的健康或疫病。因此，在规模化养猪的兽医工作中采用综合性的预防措施来防制疫病。

第三，目前在我国传染性疾病依然是规模化养猪业的最大威胁，我们必须学习和运用猪传染病的流行病学知识，针对传染病流行过程中的3个基本条件(传染源、传播途径、易感动物)及其相互关系，采取消灭传染源、切断传播途径、提高猪只群体抗病力的综合防疫措施，才能有效地降低传染病的危害。

第四，规模化养猪是一项系统工程，在系统内各个子系统相互关联，相互影响。因此，兽医技术人员应熟悉其他子系统的情况，依据规模化养猪不同生产阶段的特点合理制定兽医保健计划。

第五，坚持自繁自养和全进全出的饲养制度。

第六，坚持合理的免疫预防接种制度。

第七，加强和执行科学的饲养管理工作。

三、规模化养猪场防疫体系的基本内容

规模化养猪业的综合防疫体系的建立必须以家畜流行病学、家畜传染病学的基本理论为指导，依据《中华人民共和国动物防疫法》等兽医法律法规的要求，根据养猪生产的规律，在日常生产中全面而系统地对猪群实行保健和疫病管理。这一体系主要包括隔离、消毒、杀虫灭鼠、免疫接种、药物预防、驱虫、诊断与检疫、疾病治疗、疫情扑灭等基本内容。

(一)隔　离

将猪群控制在一个有利于防疫和生产管理的范围内进行饲养的方法称为隔离。隔离是国内外普遍采用的最有效的基本防疫措施之一。

1. 场址选择　场址的选择要依据本地的地理位置、地形地貌和水文气象资料来进行。其中更为重要的是对大型猪场还必须有一个安全的生态环境。

2. 场内布局　猪场内按功能可划分为3个区，即生产区、生活区、管理区。

3. 隔离设施　各个区域之间，特别是生产区外围应依据具体条件建立隔离带。

4. 全进全出生产系统　从防疫的要求出发，在生产线的各个主要环节上，分批次安排猪的生产，做到全进全出，使每批猪的生产在时间上拉开距离以进行隔离消毒，可以有效地切断疫病的传播途径，防止病原微生物在群体中形成的连续感染、交叉感染，也为控制和净化疫病奠定了基础。这在规模化、集约化养猪业中应用的必要性日益迫切。

5. 隔离制度　为了使隔离措施得到更好的贯彻落实，必须依据本企业具体条件制定严格的隔离措施。其要点应包括以下几个主要方面：本场工作人员、车辆出入场的管理要求；对来往人员、车辆进入场内的隔离规定；场内猪群流动、猪只出入生产区的要求；生产区内人员活动、工具使用的要求；粪便管理；场内禁止其他动物的要求；患病猪和新购入种猪的隔离要求等。

(二)消　毒

消毒是采用物理学、化学、生物学手段杀灭和减少生产环境中病原体的一项重要技术措施。其目的在于切断疫病的传播途径，防止传染性疾病的发生流行，是综合性防疫措施中最常采用的重要措施之一。

1. 消毒分类

(1)日常消毒　也称为预防性消毒，是根据生产的需要采用各种消毒方法在生产区和猪群中进行的消毒。

(2)即时消毒　也称为随时消毒，是当猪群中有个别或少数猪发生一般性疫病或突然死亡时，立即对其所在栏舍进行局部强化消毒，包括对发病或死亡猪只的消毒和无害化处理。

(3)终末消毒　也称为大消毒，是采用多种消毒方法对全场或部分猪舍进行全方位的彻底清理与消毒。这主要用于采用全进全出生产系统的猪场。

2. 常用消毒方法

(1)物理消毒法　主要包括机械性清扫刷洗、高压水冲洗、通风换气、高温高热和干燥、光照等。

(2)化学消毒法　指采用化学药物(消毒剂)杀灭病原菌的一种消毒方法，是最常用的一种消毒方法。理想的消毒剂必须具备抗菌谱广、对病原体杀灭力强、性质稳定、维持消毒效果时间长、对人畜毒性小、对消毒对象损伤轻、价廉易得、运输保存和使用方便、对环境污染小等特点。而且在使用化学消毒剂时要考虑病原体对不同消毒剂的抵抗力、消毒剂的杀菌谱、有效使用浓度、作用时间、对消毒对象以及环境温度的要求等。不能随意使用或一直使用同一种消毒剂。

(3)生物学消毒法　对生产中产生的大量粪便、粪污水、垃圾及杂草采用发酵法利用发酵过程所产热量杀灭其中病原体，这是各地广泛使用的方法。

3. 消毒设施和设备　要构建合理的消毒设施并购买适宜的设备。

4. 消毒程序 要根据消毒种类、对象、气温、疫病流行的规律制定合理的消毒程序。例如,全进全出系统中的空栏大消毒的消毒程序可分为以下一些步骤:清扫—高压水冲洗—喷洒消毒剂—清洗—熏蒸—干燥(或火焰消毒)—喷洒消毒剂—转进猪群。消毒程序还应根据自身的生产方式、主要存在的疫病情况、消毒剂和消毒设备设施的种类等因素因地制宜地加以制定。有条件的猪场还应当对生产环节的关键控制点的消毒效果进行检测。

5. 消毒制度 要按照生产日程、消毒程序的要求,将各种消毒制度化,明确消毒工作的管理者和执行人,使用消毒剂的种类及其使用浓度、方法,消毒间隔时间和消毒剂的轮换使用,消毒设施设备的管理和维护等,都详细加以规定。

(三)杀虫灭鼠

杀灭猪场中的有害昆虫——蚊蝇等节肢媒介昆虫和老鼠等野生动物,是消灭疫病传染源和切断其传播途径的有效措施,在控制猪场的传染性疾病、保障人、畜健康上具有十分重要的意义,是综合性防疫体系中环境控制的两项重要措施。

(四)免疫接种

1. 概况 使用疫(菌)苗等各种生物制剂,在平时对猪群有计划地进行预防接种,在可能发生或疫病发生早期对猪群实行紧急免疫接种,以提高猪群对相应疫病的特异性抵抗力,是规模化养猪场综合性防疫体系中一个极为重要的环节,也是构建养猪业生物安全体系的重要措施之一。

在集约养猪条件下,可预防的疫病分为以下几类。

(1)*按常规应予以预防的疫病* 这类疫病包括猪瘟、猪丹毒、猪肺疫、猪副伤寒、口蹄疫等。

(2)*种猪必须预防的疫病* 这类疫病主要有猪乙型脑炎、

猪细小病毒病、猪伪狂犬病等。这些疫病主要引起猪的繁殖障碍性疾病，在我国的广大地区均有发生与流行，常会引起猪群中大量母猪的不发情、返情、死胎、木乃伊胎、畸形胎、弱仔、少仔及新生仔猪、断奶仔猪的大量死亡。由于这些疫病危害甚烈，又无治愈可能，只能严格按照免疫程序进行接种才有可能控制。有学者对我国规模化养猪的几种主要病毒性繁殖障碍病，即伪狂犬病、乙型脑炎、细小病毒感染、猪繁殖与呼吸综合征等疫病的流行现状进行分析，制定出了相应的免疫程序（表 7-1）。

表 7-1 主要病毒性繁殖障碍病的免疫程序

疫病名称	猪的用途	疫苗种类	免疫程序
猪伪狂犬病	种猪	伪狂犬病弱毒 gE 缺失疫苗	在猪 5 月龄进行第一次免疫，间隔 4～6 周后加强免疫 1 次，以后在没有发病的猪场作为预防，则每半年注射 1 次；在严重发病的猪场应在配种前注射 1 次，分娩前 1 个月加强免疫 1 次
	商品猪	伪狂犬病弱毒 gE 缺失疫苗	60～70 日龄时免疫 1 次，4～6 周后加强免疫 1 次，直至出栏
猪细小病毒感染	后备种公猪和种母猪	细小病毒灭活油乳剂苗	5～6 月龄注射 1 次，4～6 周后加强免疫，产前 1 个月注射 1 次
猪乙型脑炎	种猪	原代细胞活疫苗或灭活苗	每年 3～4 月份免疫 1 次；炎热地区可在 10～11 月份再免疫 1 次
猪繁殖与呼吸综合征	种猪	油乳剂灭活苗	配种前免疫 1 次，产前 2 个月加强 1 次
	仔猪	弱毒疫苗	10 日龄注射 1 次，直至出栏

续表 7-1

疫病名称	猪的用途	疫苗种类	免疫程序
猪　瘟	种　猪	猪瘟弱毒疫苗	配种用 4 头份剂量免疫，种公猪每半年 1 次
	商品猪		超前免疫可在生后吃初乳前 2h 免疫或正常首免时在 20～25 日龄使用 4 头份剂量，二免一般在 60～65 日龄，使用 2～4 头份剂量

(3)可选择性预防的疫病　此类疫病种类很多，主要有猪大肠杆菌病(仔猪黄痢、白痢和猪水肿病)、仔猪红痢、猪链球菌病、猪传染性萎缩性鼻炎、猪气喘病、猪传染性胃肠炎、猪流行性腹泻、猪衣原体病、猪传染性胸膜肺炎等。这类疫病或者由于尚无理想疫苗，或者由于呈现地方性流行，故应当在诊断的基础上，选择较好的疫苗进行免疫接种。

2. 免疫接种　在疫苗接种过程中，要注意以下诸多方面的因素，否则都将导致免疫失败。

(1)免疫程序　在规模化猪场中常常需要使用多种疫(菌)苗来预防相应的疫病，因而要根据规模化养猪的特点，按照各种疫苗的免疫特性，合理地制定预防接种的次数、剂量、间隔时间、接种途径等，这就是免疫程序。目前在国内外尚没有一个可供共同使用的免疫程序，这也不切实际。因此要根据本场的实际情况因地制宜地制定免疫程序。

(2)疫苗的运输与贮藏　猪用疫苗大致可分为冻干苗和液体苗。冻干苗随保存温度的升高其保存时间相应缩短。这类疫苗应当严格实行冷链运输和贮存，切忌反复冻融而导致效价下降。液体疫苗又分为佐剂苗和水剂苗，这类疫苗切忌冻结，适宜的贮存方法是在4℃～8℃条件下冷藏。

(3)疫苗的质量　其内在质量由生产厂家所控制的，应当选择有品质保证的疫苗厂商购买疫苗。同时使用者还应注意保质期、包装、运输和贮存情况等。

(4)猪群的健康状况　一般来说，猪群只有处于良好的健康状态下才能产生良好的免疫力。因此，要选择好免疫时机。

(5)疫苗的使用　有了质量良好的疫苗和科学合理的免疫程序后，保证疫苗的正确使用成为取得高水平免疫力的关键。其要点有：严格按照疫苗使用说明进行稀释，稀释后的疫苗应按照规定的方法保存并在规定的时间内使用，保证疫苗注射剂量的准确，使用活菌苗免疫后在规定的时间内不得使用抗菌药物，防止注射疫苗后的不良反应，减少猪群应激，严格消毒注射器械和注射部位，防止交叉感染。

(五)驱　虫

与预防注射一样，驱虫在规模化猪场综合防疫体系中，是建立生物安全体系、提高猪群健康水平的又一重要措施。

规模化猪场中常见的寄生虫种类有猪蛔虫、猪结节虫(食管口线虫)、猪鞭虫(毛首线虫)和猪球虫、弓形体和猪疥螨，少数猪场还可能有肺丝虫(后圆线虫)、肾虫(冠尾线虫)和类圆线虫。

在规模化、集约化的高密度饲养条件下，寄生虫病越来越受到经营者的重视，这也要求有更好的驱虫药物。理想的驱虫药必须在高效、低毒、广谱的基础上，做到使用剂量小、适口性好、使用方便、价格低廉、猪只体内残留量低等。伊维菌素、阿维菌素是新一代抗生素驱虫药物，不仅对肠道寄生虫有较好驱虫效果，对猪疥螨也有良好的杀灭力，因此在当前被广泛使用。

总之,规模化养猪场的驱虫工作,应在对本猪场中寄生虫病流行现状调查的基础上,选择最佳驱虫药物,适宜的驱虫时间,制定周密的驱虫计划,按计划有步骤地进行。驱虫时必须注意在用药前和驱虫过程中加强猪舍环境中灭虫(虫卵),防止猪只的重复感染。

(六)药物预防

规模化猪场除了部分传染性疫病可使用免疫注射来加以防制外,许多传染病尚无疫苗或无可靠疫苗用于防制,一些在临床上已有发生而不能及时确诊的疫病可能蔓延流行,一些非传染性的流行病、群发病也可能大面积暴发流行,均使得在临床上必须采用对整个猪群投放药物进行群体预防或控制。

药物预防的原则是:对传染性疫病,应根据本地疫病流行规律或临诊诊断的结果,有针对性地选择敏感性较高的药物,适时进行预防或治疗。对用于预防的药物应有计划地定期轮换使用,防止抗药菌株产生。投药时剂量要足,混饲时搅拌要均匀,用药时间一般以 3～10d 为宜。新生仔猪补铁应在 3 日龄时进行,效果不佳时可在 15 日龄左右补注 1 次,注意一次不能补充过量,以免发生铁中毒。使用化学药物防治待宰猪的疫病时,应在宰前 7～15d 停药,防止因药物残留对人类产生不良影响。

(七)检疫与疫病的监测

对猪群健康状况的定期检查,对猪群中常见疫病及日常生产状况的资料收集分析,监测各类疫情和防疫措施的效果,对猪群健康水平的综合评估,对疫病发生的危险度的预测、预报等是检疫与疫病监测的主要任务,在规模化养猪业防疫体系中尤为重要,也是当前各规模化猪场防疫体系中最薄弱的环节。

1. 检疫 兽医人员应定期对猪群进行系统的检查,观察各个猪群的状况,大群检查时应注意从猪的外表、动态、休息、采食、饮水、排粪、排尿等各方面进行观察,必要时还应抽查猪的呼吸、心跳、体温三大指标。对种猪群还应检查公、母猪的发情、配种、妊娠、分娩及新生仔猪的状况。对获取的资料进行统计分析,发现异常时要进一步调查其原因,做出初步判断,提出相应预防措施,防止疫病在猪群中扩大蔓延。

2. 尸体剖检 尸检是疫病诊断的重要方法之一,在猪场应对所有非正常死亡的成年猪逐一进行剖检,新生猪、哺乳仔猪、育成猪发生较多死亡时应及时剖检,通过剖检判明病性,以采取有针对性的防治措施,临床尸检不能说明问题时,还应采集病料做进一步检验。

3. 疫病监测 可用于规模化养猪业的实验室检验方法甚多,但目前最受厂家关注的当属主要传染性疾病的抗体水平监测。这些传染性疫病主要为猪瘟、口蹄疫、细小病毒病、乙型脑炎、猪伪狂犬病、猪传染性萎缩性鼻炎、猪气喘病、衣原体病、传染性胸膜肺炎以及弓形体病等。通过抗体水平的检测,在评价免疫注射的质量、免疫程序的制定、猪群中潜伏的隐性感染者的发现、疫病防制效果的评估等诸多方面都具有极高价值。

4. 其他监测 对规模化养猪业的其他各项措施如消毒、杀虫、灭鼠、驱虫、药物预防与临床诊断等方面的效果进行检测,最佳防治药物的筛选等,都可进一步提高防疫质量。而对猪舍内外环境如水质、饲料等检测也都有益于猪场的疫病防制。

5. 疫病统计资料的收集与分析 通过对猪群的生产状况如繁殖性状、生长肥育性状资料,疫病流行状况如疫病种类、发病率、死亡率、防疫措施的应用及其效果等多种资料的收集与分析，以发现疫病变化的趋势，影响疫病发生、流行、分布的因素，制定和改进防疫措施；通过对环境、疫病、猪群的长期系统的监测、统计、分析，对疫病进行预测、预报。

(八)日常诊疗与疫情扑灭

1. 日常诊疗 兽医技术人员应每日深入猪舍，巡视猪群，对猪群中发现的病例均应及时进行诊断治疗和处理。

对内、外、产科等非传染性疾病的单个病例，有治疗价值的及时地予以治疗，对无治疗价值者尽快予以淘汰。对怀疑或已确诊的常见多发性传染病病猪，应及时组织力量进行治疗和控制，防止其扩散。

2. 疫情扑灭 当发现有新的传染病或猪瘟、口蹄疫等急性、烈性传染病发生时，应立即对该猪群进行封锁，病猪可根据具体情况或将其转移至病猪隔离舍进行诊断和治疗，或将其扑杀焚烧和深埋；对全场或局部栏舍实施强化消毒；对假定健康猪进行紧急免疫接种；生产区内禁止猪群调动，禁止购入或出售猪只，当最后一头病猪痊愈、淘汰或死亡后，经过一定时间(该病的最长潜伏期)无该病新病例出现时，在进行大消毒后方可解除封锁。

第二节 针对流行情况采取的防制对策

除对规模化养猪场的一般疫病采取控制措施外，对于当前伪狂犬病的流行情况，需要制定相应的防制措施。猪伪狂犬病在我国主要呈地方性流行，特别对种猪场和集约化猪场危害严重，目前该病在我国的流行仍有不断地蔓延扩大趋势，已经给养殖者造成了严重的经济损失，成为影响我国畜牧业尤其是养猪业发展的重要制约因素。针对这种情况，猪场要采取积极的防制措施。

一、切实搞好猪伪狂犬病的免疫

免疫是控制该病的有效手段之一。生产中，应根据本场的实际情况，制定合理的免疫方案，确保免疫成功。

（一）种猪群的免疫

有的疫苗供应商或有关专家推荐母猪产前和配种前都必须免疫接种。这对后备母猪而言相对合理，对于经产母猪来说则是极不科学的。如果按照此程序母猪每胎免疫2次，每年需要4～5次，每次免疫间隔时间的长短差异较大。同一头猪同一种疫苗而免疫时间间隔如此之大，极易造成野毒入侵和野毒扩散，同时造成疫苗浪费。因此建议：种猪群每年3次（间隔4个月）或每胎产前4～6周免疫1次，但必须选用安全、有效和合法的基因缺失疫苗。如果使用伪狂犬病活疫苗（gE基因缺失），推荐的免疫程序如下。

1. 受威胁猪场和污染猪场 均需免疫接种伪狂犬病活疫苗。母猪于配种前注射，每次每头2ml；公猪1年免疫2次，每次每头2ml；仔猪在断奶时每头注射1ml即可。

2. 新暴发伪狂犬病猪场 可全群紧急预防接种伪狂犬病活疫苗，接种剂量为大猪每次每头2ml，小猪每次每头2ml，乳猪每次每头2ml（注：伪狂犬病活疫苗须用伪狂犬病活疫苗专用稀释液或灭菌生理盐水稀释）。

（二）仔猪的免疫

伪狂犬病病毒可感染不同年龄的猪群，许多猪场只重视种猪群的免疫和预防而忽视了仔猪的感染和传播，这与目前PRDC（猪呼吸道综合征）的流行广泛、病因复杂也密切相关。

此外，国内几乎所有猪场母猪（种猪）、仔猪和育成猪同场饲养，养猪技术和管理水平参差不齐，人员流动性大，没有也很难实施全进全出和多点式生产等，这都造成难以阻断猪场内和猪场间的病原循环与传播。因此更应实施全群免疫、提高整体保护力。

许多资料表明，仔猪的伪狂犬病多见于7日龄内，尤其是以刚出生的3日龄内仔猪发病和死亡为主，这与母猪的免疫水平和卫生管理有关。国外资料表明，若母猪免疫效果确实，则仔猪体内母源抗体可持续8～14周；在我国，有关专家测定仔猪母源抗体的持续时间为6～8周，这与国内猪场的生产管理方式和水平相对较低、生物安全状况不尽如人意等因素有关，导致母源抗体下降稍快。有鉴于此，建议仔猪在6～8周时免疫接种，有条件的猪场可以先进行检测，然后再确定免疫时间。

（三）注意事项

实施全群统一接种必须先做免疫监测，许多猪场为了图方便，未做免疫监测便实施全群统一接种，往往造成意外损失和潜在威胁。

第一，一般来说，疫苗是用于健康动物的免疫接种来预防发病，而实际生产中的猪群总会存在少数感染猪和亚健康状态的猪，若不加选择地实行全群免疫，风险非常大，而且部分猪存在抗体干扰和免疫抑制，往往造成免疫失败。因此必须做好抗体检测工作，对抗体水平低的猪要及时补针，以提高抗体水平，防止伪狂犬病病毒的感染。同时要注意伪狂犬病病毒可通过破坏机体免疫系统而干扰其他病毒疫苗（如猪瘟）抗体产生，从而使正常免疫接种猪群中整体水平大幅度下降，易受其他病毒感染。

第二，正确对疫苗进行稀释，在疫苗注射前应使用对应的疫苗稀释液对疫苗进行稀释。因为使用普通生理盐水稀释伪狂犬病疫苗会影响免疫效价。适宜的疫苗免疫剂量和有效的接种途径疫苗的免疫剂量是成功免疫的基础。部分猪场由于对疫苗接种存在模糊认识，总以为猪体重越小免疫剂量越小，尽可能地减少仔猪初次接种量。实际情况是，仔猪年龄小、体重轻，免疫系统发育还不十分完善，又有母源抗体存在，若不给予足够剂量的疫苗抗原，难以有效地激发免疫反应和免疫保护，导致基础免疫失败，早期感染发生，疫病控制困难。目前猪用疫苗的接种途径还是以肌内或皮下注射为主，其他接种途径效果往往不很理想。

第三，防止多种疫苗混用。每个猪场只能使用一种基因缺失弱毒苗，不要使用两种或多种基因缺失弱毒苗，以防基因重组的发生。目前来说，TK^-/gE^-双基因缺失疫苗免疫效果最好。

二、控制猪伪狂犬病的措施

（一）阴性猪场的防制措施

阴性猪场一旦受到伪狂犬病毒的攻击，会给猪场带来严重的损失。因为伪狂犬病可令大量母猪流产、死胎和仔猪死亡；疫情停止后猪群可长期带毒。所以，防止伪狂犬病毒传入是阴性猪场控制此病的关键。

1. 要严格实行封闭式管理和分点饲养　①生产区应分为后备种猪、妊娠、分娩、哺乳饲养区、保育区和育肥区 3 部分，每个区之间的间隙距离不应少于 100～500m，每个区相对独立，实行单元式饲养，全进全出，使其没有交叉感染的机会。②猪群以周为单位安排生产，实行全进全出的单向流动。③控制好人流和物流。人员进入生产区经过淋浴后更换工作服、鞋、帽，然后定向进入猪舍，不准串舍。物品一律经过消毒后才能进入生产区使用，生产区内的运料专用车和运猪专用车只能在生产区使用，不准做其他用，每周1次清洗并消毒1次。④严格执行各项生物安全措施，如禁止外来人员与车辆进入猪场；定期消灭鼠类和蚊、蝇等昆虫；猪场严禁饲养狗、猫、禽类等，并驱赶鸟类和其他野生动物，如果在猪场内混养多种动物，将会大大增加伪狂犬病传入的可能性；定期清扫与消毒，保持猪舍和环境的清洁卫生；粪尿无害化处理等。最大限度地控制传染源的传入和切断其他传染途径。

2. 严把引种关 猪场尽可能自繁自养，如需要引种，一定要从伪狂犬病阴性或野毒感染阴性种猪场引入，并严格隔离检疫2个月，采取血样进行检测，伪狂犬病抗体或野毒感染抗体为阴性者可与本场猪群混群饲养，以后与本场猪群一样每半年做1次血清学检测。对检测出的野毒感染抗体阳性猪要隔离饲养，注射疫苗后作育肥猪处理，不能作种用。

3. 免疫接种 后备种猪在引种进入适应期免疫1次，以后每4个月免疫1次；生产种公、母猪每年免疫3次，每次间隔4个月，使用猪伪狂犬病基因缺失疫苗，每次每头肌注2ml。因为基因缺失弱毒疫苗注射带有野毒潜伏感染的猪群时，野毒和基因缺失活病毒之间可能发生基因交换和重组，产生有致病性的基因缺失病毒。所以一个种猪场只准使用同一种基因缺失疫苗，不要同时接种两种不同的基因缺失疫苗，以防疫苗毒株之间发生重组。

4. 种母猪产下的仔猪如留作种用 应在100日龄时做1次伪狂犬病血清学检测，凡是抗体阴性者留作种用，抗体阳性者作育肥处理。伪狂犬病抗体阴性猪和野毒感染阴性猪留作种用时，应于70日龄免疫1次，100日龄加强免疫1次，以后每隔4个月免疫1次，使用基因缺失疫苗，每次每头肌注2ml。如果母猪产下的仔猪作商品仔猪出售，可以不接种疫苗。

5. 仔猪实行早期隔离断奶技术 实践证明21日龄断奶，与母猪分开，减少长时间的接触，避免垂直与交叉感染，可有效预防本病的发生。

（二）感染猪场的控制策略

无论是初次感染还是已发病猪群，及时正确地做出诊断和进行有效的调查，检测手段是必不可少的。其目的是控制本病的流行，以减少损失和在发病猪群中消灭猪伪狂犬病。

1. 免疫接种 普通弱毒苗、灭活苗和基因缺失苗已广泛用于猪伪狂犬病的控制。对感染猪群而言，进行疫苗免疫接种是控制乃至消灭此病的重要措施。给发病猪群接种疫苗可预防或减少由本病引起的流产、死胎和仔猪死亡。当猪群发生疫情时，通常的做法是即时给全场未发病猪只（尤其是母猪）进行紧急免疫接种。在疫情平息后，按常规免疫程序接种。实践证明，紧急免疫接种可明显减少猪场经济损失。

2. 强化饲养管理 猪场感染伪狂犬病后要控制、清除该病的难度非常大。只有在做好免疫接种的基础上，结合完善的生产、防疫管理，才可大大减少伪狂犬病的蔓延。在饲养管理方面，实行早期（3周龄）断奶，隔离饲养和全进全出的管理方法，是控制伪狂犬病的有效手段。在防疫管理方面，做到定期检测猪群，对阳性猪要严格限制其移动，对阴性猪给予注射基因（灭活）苗，提高机体免疫力，并逐步用阴性种猪代替阳性种猪。坚持猪群的消毒工作，发现有可疑的猪只应及时封锁、隔离病猪，消毒猪舍和周围环境，发病猪舍用2%～3%烧碱液与20%石灰水混合消毒，粪便、污水用消毒液严格处理后才可排放，限制病原扩散，并对全场猪群尤其是仔猪实施紧急预防接种措施。同时注意清除各种传染源和传播媒介，包括栏舍消毒、人员车辆进出消毒和杀虫灭蝇灭鼠等，其中灭鼠是猪场控制伪狂犬病过程中绝不能忽视的工作。因为鼠类是病毒的主要携带者与传染媒介，猪感染大多是由于采食被老鼠污染的饲料所致。具体的防制措施如下：①发生疫情时，要及时进行实验室诊断，做出正确的结论，病猪全部淘汰处理，尽可能更换新的猪群。②未发病的猪只隔离饲养，全群进行血清学检测，每个月检测1次，连续检测4次以上，直至淘汰完血清学阳性猪为止。③发病猪舍要按消毒程序进行彻底的消毒，空舍1个月后再进新猪。④检出的血清学阳性猪隔离饲养，其母猪产下的仔猪于21日龄断奶，分别按窝隔离饲养至70～100日龄，连续2次做血清学检测，抗体阳性者淘汰，阴性者可留作后备种猪，并于70～100日龄接种2次基因缺失疫苗。⑤生产母猪于配种前注射1次基因缺失灭活疫苗，产前1个月再加强免疫1次。育肥猪用基因缺失疫苗进行2次免疫，可防治其感染排毒污染猪场，减少呼吸道病的发生和增重的缓慢。⑥应用疫苗控制后，要考虑剔除计划，将抗gE抗体阳性种猪全部挑出来放在一条生产线上，逐步淘汰，所产仔猪不得留作种用或作为种猪出售，应育肥屠宰。⑦其他的防制措施可参照阴性猪场的防制措施实施。

（三）伪狂犬病高感染猪群的控制措施

虽然免疫接种在控制伪狂犬病的过程中起到了非常重要的作用，但对于不同感染率的猪场采用相同的免疫程序显然是不合理的，而且不同质量的疫苗对免疫后的阳性带毒猪的排毒量及排毒时间有着决定性的影响。即使是高感染猪群，经过免疫，不论是种猪还是生长猪群均不会再出现急性暴发，但生长猪群常常会出现以链球菌、胸膜肺炎放线杆菌、多杀性巴氏杆菌等为主的细菌性继发感染，给猪场带来较大的经济损失。鉴于这种情况，采取以下控制措施。

1. 确定不同阶段猪群的合理野毒检测方案 因为只有对猪群 PR 野毒感染情况，特别是种群里的 PR 野毒感染情况的充分掌握，才有可能制定出合理的免疫、消毒、灭鼠等综合控制措施。实践证明，种群以妊娠时期(分为妊娠 50d、85d 左右和分娩后 10d 左右)和胎次(1～3 胎和 4～6 胎)的组合进行采样 15～30 头份，生长猪群分为 13、17、21 周龄左右进行采样 15～30 头份，能够较为准确地掌握猪群中的 PR 野毒感染情况。检测方法可以采用 ELISA 或 LAT。

2. 合理的免疫程序与注射技巧 在对猪群 PR 野毒感染率进行检测的基础上，根据 PR 野毒感染率不同采取具有针对性的免疫程序。根据实践经验，对种群 PR 野毒高感染率的猪场，种群的免疫应每年不少于 3 次，统一免疫时间，方便操作和管理；生长猪群的免疫则应在 10 周龄和 14 周龄各免疫 1 次，每次 1 头份。

在实施免疫过程中免疫细节至关重要，特别是针头规格的选择和进针角度。种群免疫应选择 16 号针头，生长猪群应选择 12 号的针头，并垂直进针，保证疫苗全部注入肌肉层中。此外，要避免在猪群处于应激状态下实施免疫。

3. 完善猪场消毒程序与加强消毒力度 消毒是减少猪场舍内外环境中病原微生物含量的重要措施之一，应充分予以重视。每年在春、秋季的高发病季节均对猪场环境实施必要的全面治理，舍外消毒常年坚持每周 2 次，疫情严重时还可增加频次；选择药物为烧碱、氯制剂等。舍内的带猪消毒保持每周 1～2 次，且在实施消毒前必须进行必要的卫生管理。可选择的药物包括过氧乙酸、氯制剂、碘制剂和复合酚制剂等，并应根据疫情和生产情况变化及时进行有效的合理调整，从而最大限度地降低猪场环境内的病原量。

4. 固定猪场的灭鼠制度 鼠类可以机械性传播多种猪疫病，而且鼠类还是 PR 的贮藏宿主，因此灭鼠对于控制好 PR 更显重要。应采取春、秋两季的全场范围内定期药物灭鼠计划和经常性的机械灭鼠措施相结合，最大限度地减少猪场的鼠量，减少其传播病原的机会。

5. 完善猪场的生物安全体系 特别是人员、物品、车辆的进出场区和生产区的管理消毒制度及售猪后的管理消毒制度，尽可能减少由外部带入或传入病原的机会。

6. 定期进行生长猪群中病弱猪体内的细菌学试验 确定猪群中的常在性致病菌和可能致病菌种类。同时，进行药敏试验来筛选猪场用于预防和治疗的首选药物，减少用药的盲目性并减缓或防止耐药菌株的出现。

7. 细化饲养管理 进一步减少应激因素对猪群的影响，采取全进全出的生产模式；同时根据猪群的不同生理阶段提供全价的配合饲料。

通过以上措施，可以有效地降低 PR 野毒的感染率，也为下一步开展 PR 的净化工作奠定了良好的基础。

第三节 伪狂犬病的根除

一、国外情况

伪狂犬病病毒(PRV)在猪体内建立潜伏感染后，在适当条件下可以向外排毒，感染其他易感动物，使该病不断地蔓延和流行，PRV 潜伏感染这一特征正是伪狂犬病根除的困难所在。因该病历史悠久，造成的危害巨大，尽管根除伪狂犬病有困难，但世界上有些国家已实施伪狂犬病根除计划，取得了一定的成效，有些国家如英国、丹麦、芬兰、瑞典等国已根除伪狂犬病。多数实施伪狂犬病根除计划的国家都具备技术上的支持即基因缺失疫苗(标记疫苗)和相应的血清学检测方法，这两大技术支撑缺一不可，当然，根除计划的顺利实施和完成都离不开政府规范化的行政管理和相应的资金投入。所以，在不同的国家，因国情不同采取根除计划的方案上有所差异：一是有些国家如英国和丹麦在实施根除计划时，对猪不接种疫苗，而是用常规血清学方法进行血样检测，凡是血清学检测PRV抗体阳性猪则全部扑杀，只用了3～4年时间就完成了该病的根除计划。可见，采用扑杀的方法完成根除计划所需时间较短，但这需要政府有足够的财力来投入这一计划，对猪场的经济损失进行相应的补偿；二是在伪狂犬病根除计划的实施过程中，多数国家采用的措施是首先全国范围内进行伪狂犬病血清学普查，以掌握该病的流行状况或已接种预防的范围，在此基础上进行 gE^- 或 gG^- 疫苗的接种，因为 gE^- 或 gG^- 疫苗已缺失 gE 或 gG 基因，这种 PRV 缺失疫苗株不表达 gE 或 gG 蛋白，免疫猪血清内不出现针对 gE 或 gG 的抗体，用 gE－ELISA 或 gG－ELISA 检测结果应该为阴性；如为阳性则表明猪被野毒感染，这就是标记疫苗(Marker vaccine)和鉴别诊断(Diferentiation diagnosis)的概念及其应用价值所在。对经 gE－ELISA 或 gG－ELISA 检测结果为阴性和阳性的猪进行分群隔离饲养，并进一步接种相应的标记疫苗和进行血清学检测，当 gE－ELISA 或 gG－ELISA 鉴别诊断方法检出阳性猪的数量降低到一定程度时，再对阳性猪进行扑杀，从而达到最终消灭伪狂犬病的目的。

世界上的产猪大国正陆续采取措施以防制和消除地方性

感染。为了伪狂犬病的净化工作的有效开展,欧洲在1992和1993年先后制定了两个商业决议93/24/EEC和93/244/EEC,依据这两个决议将欧洲分为3类区域:无疫病区、正在执行根除计划的区域以及那些没有有效控制伪狂犬病或尚未执行根除计划的区域。根据这种分类方式,截至1995年已经成为无疫区的有丹麦、英国、法国的西部和南部、芬兰以及德国东部(表7-2)。而已经启动根除计划的地区有卢森堡、瑞典、奥地利以及德国(余下区域)(表7-3)。而在第三类地区中,许多地区也已经采取积极的应对措施对伪狂犬病进行了控制,如荷兰和比利时已经开展了强制免疫的工作,而意大利已经立法并希望推动自愿根除计划向强制方向发展,西班牙、葡萄牙、爱尔兰和希腊都已经采取了相应的措施(表7-4)。

表7-2 已经根除伪狂犬病的地区 (截至1995年)

国家和地区名称	成为无疫区的时间
丹 麦	1992
英 国	1992
法 国(西部和南部)	1993
芬 兰	1994
德国(东部)	1995

表7-3 已经开展伪狂犬病根除计划的地区 (截至1995年)

国家和地区名称	计划启动的年份
卢森堡	1993
瑞 典	1995
奥地利	1995
德国(余下地区)	1995

表 7-4 其他一些地区的情况

国家和地区名称	采取的措施
法国(其他地区)	采取了根除措施,一些地方采取免疫的方式
荷　兰	强制性免疫
比 利 时	强制免疫并采取控制行动
意 大 利	自愿采取净化行动,并进一步推广根除计划
西班牙、葡萄牙、爱尔兰、希腊	进行调查以及采取其他措施

美国在 1989 年制订了一项期望用 10 年时间清除本病方案,本方案以时间为单位,根据方案标准分为 5 个阶段推行。标准每年修订 1 次,修订委员来源广泛,由国家政府、州府、猪生产者和研究人员选派代表组成(VSDA/APHIS/VS 1997)。第一阶段,起草和制定州府计划和执行条例。第二阶段,监测疾病流行情况和发病区域,执行防制措施,清除感染猪。本阶段的主要工作为找出全州内的感染猪,清除感染,防止感染传播至未感染猪群。第三阶段,密切监视和强制清除州内所有已被查出的感染猪,地区流行率控制在 1%以下。第四阶段,继续监测,直至在过去的 12 个月里没有新感染动物群。只有特许情况下才能使用疫苗。第五阶段,无 PR 州应维持监测,只能从处于第四或第五阶段的州引进猪。禁止使用疫苗。

截至 1997 年 3 月 1 日,美国国家伪狂犬病防制委员会已认可 23 个州和波多黎各处于第五阶段,7 个州和维尔金群岛处于第四阶段,1 个州处于第三、第四过渡阶段,13 个州处于第三阶段,5 个州处于第二、第三过渡阶段,1 个州处于第二阶段(USDA/APHIS/VS 1994～1997)。

二、国内情况

我国已经研制出用于种猪免疫的伪狂犬病毒 gE^- 和 gG^- 两株单基因缺失灭活疫苗，用于仔猪和育肥猪免疫的 TK^-/gG^- 和 TK^-/gE^- 两株双基因缺失弱毒疫苗；同时还研制出了相应的鉴别诊断方法：gG-ELISA（酶联免疫吸附试验）和 gE-ELISA，gG-LAT（乳胶凝集试验）和 gE－LAT。鉴于此，华中农业大学的陈焕春等根据他们的科研成果，即研制出的基因缺失疫苗及其相应的鉴别诊断试剂盒，提出了在我国根除猪伪狂犬病的具体计划，计划建议根据不同的猪场、不同情况和实验室检测情况，选择不同的方案与措施。

（一）种猪与种猪场

1. 疫苗的使用 伪狂犬病毒是属于高度潜伏感染的病毒，而且这种潜伏感染随时都有可能被体内外和环境变化的应激因素刺激而引起疾病暴发，同时基因缺失弱毒疫苗注射带有野毒潜伏感染的动物时，由于活病毒之间发生基因交换和重组的可能性，加上种猪饲养的时间长（3～4 年），因此这种可能性和概率就会增大，而且国内外都有因注射弱毒疫苗而引起伪狂犬病暴发的例子。因此，在西方发达国家如德国严格规定种猪只允许使用灭活疫苗。美国在其伪狂犬病的根除计划中，也规定种猪只允许使用灭活疫苗。根据以上这些特点，因此建议在我国种猪也只能使用基因缺失灭活疫苗。华中农业大学专门研制了针对种猪用的单基因缺失浓缩灭活疫苗。尤其是 gG 单基因缺失灭活疫苗对病毒的免疫原性几乎完全没有什么影响。因为 gG 是病毒的非结构蛋白基因，gG 蛋白是病毒繁殖时分泌到细胞培养的上清液中与病毒免疫源性无关；该基因缺失后，对病毒的免疫源性没有什么影响，但又可以作为鉴别诊断。育肥用的仔猪和架子猪可以使用双基因缺失的弱毒疫苗。华中农业大学研制的 TK^-/gG^- 和 TK^-/gE^- 双基因缺失弱毒疫苗都是缺失了伪狂犬病毒的主要毒力基因 TK，该基因缺失疫苗可用于新生仔猪(未吃初乳)的超前免疫，尤其是 TK^-/gG^- 缺失疫苗可用于发病仔猪的紧急预防接种，具有明显的急救和预防效果。也可用于断奶仔猪和生长育肥猪的免疫，可预防各种年龄猪的伪狂犬病，具有明显的促生长作用。由于育肥猪的生长周期短(6 个月左右)，因此不存在病毒重组变异和返强的危险。

2. 未免疫猪场 在没有使用过疫苗的猪场，先做普遍血清学检查，如果发现血清学阳性猪，最好是能将血清学阳性猪与血清学阴性猪分群饲养。然后将血清学阳性猪和血清学阴性猪都用基因缺失灭活浓缩疫苗注射，所有猪普遍注射 1 次疫苗后，间隔 4～6 周再加强免疫 1 次。以后血清学阴性猪群按每半年注射 1 次，血清学阳性猪群每 4 个月注射 1 次，然后每半年进行 1 次血清学鉴别检查，凡是注射疫苗血清学阳性的猪归为健康群，凡是野毒感染血清学阳性猪归为另一群，逐步缩小和有计划地淘汰野毒感染猪群，逐步达到完全健康无野毒感染的猪群，直至最后根除消灭伪狂犬病。

3. 已免疫猪场 对已经注射过疫苗的猪场，首先将疫苗完全换成浓缩单基因缺失灭活疫苗。免疫程序按每 4 个月注射 1 次。每半年进行 1 次血清学鉴别检查，逐步开始分群将基因缺失疫苗免疫血清学阳性猪视为健康群分开饲养，将野毒感染血清学阳性猪分为另一群分开饲养，逐步淘汰和缩小野毒感染猪群，最后建立完全健康无野毒感染的猪群。

以上经过规定免疫后的种猪所生仔猪，拟留作种用的，在 100 日龄时做 1 次伪狂犬病普通血清学检查，凡是抗体阴性者留作种用。对检出的抗体阳性者做进一步的鉴别血清学检查,对野毒感染阴性者同样可用作种用,对强毒感染阳性者淘汰作为育肥猪用,不能作为种猪用。对伪狂犬病抗体检测阴性猪和野毒感染阴性猪等留作种用的仔猪,用伪狂犬病浓缩单基因缺失灭活疫苗在100～110日龄接种1次,到130～140日龄时再加强免疫1次,以后按种猪的免疫程序每半年注射1次浓缩基因缺失灭活疫苗。同时每半年抽血样进行1次鉴别血清学检查,如发现野毒感染血清学阳性猪应及时隔离淘汰处理,以保持猪群无野毒感染,安全健康。对种用仔猪经上述检测,发现分群隔离的野毒感染血清学阳性猪,立即注射灭活疫苗或基因缺失疫苗,最好是间隔4～6周,共注射2次,作为育肥猪饲养出栏。

以上是在种猪群和种猪场进行伪狂犬病根除计划的最佳方案。但考虑到我国养猪业的实际情况,一般猪场的养猪数量都已达到满负荷的程度,猪舍和栏圈都比较紧张,对采取隔离分群有困难时,此种情况在没有注射过疫苗的场先进行抗体检测,确定有无感染存在,或是已经注苗的场先将疫苗更换为浓缩单基因缺失灭活疫苗,再按前述的种猪及种猪场的免疫程序进行免疫。即抗体阴性猪首先做两次基础免疫,其间隔4～6周。然后每隔半年注射1次。如是野毒感染阳性猪群先作两次基础免疫后,再每4个月免疫1次,直至野毒感染抗体消失后,改为每半年1次。对已经免疫过的猪群,则将疫苗更换成浓缩单基因缺失疫苗就行。然后按每半年抽血检查1次。逐步缩小野毒感染的猪。这就是要比前述的采取分群隔离的措施达到净化根除的目的要慢一些。对正在暴发伪狂犬病的猪场,种猪除进行两次间隔4～6周基础免疫外:种猪应在配种前注射1次,产前1个月加强免疫1次,均使用浓缩的单基因缺失的灭活疫苗。育肥猪用基因缺失弱毒疫苗进行两次免疫。如仔猪发病用基因缺失疫苗紧急预防接种效果显著。对新引进的种猪，要进行严格的检疫，最好是要引进伪狂犬病抗体阴性猪或野毒感染抗体阴性猪，引到本场后，隔离饲养 2 个月，抽血样检查，抗体或野毒感染抗体为阴性者再与本场其他猪混群饲养。与其他猪群一起，每半年做 1 次检查。对于检测出的野毒感染阳性猪要严格隔离，注射疫苗后，看情况能否作为种用，最好是将其淘汰不作种猪用。猪场要进行定期严格的消毒管理措施，最好是使用 2% 的氢氧化钠(烧碱)溶液或酚类消毒剂。猪舍、栏圈的清洗消毒最好选择气候干燥和具有阳光照射下进行，效果最佳。猪场严格禁止养狗、养猫、养鸡，严格禁止狗、猫、鸡和其他鸟类及动物进入猪舍。在猪场内要进行严格的灭鼠措施。消灭鼠类带毒传播疾病的危险。要严格禁止人员和车辆等进入猪场，避免因人员和机械带毒传播疾病。在 5 千米方圆范围内的相关猪场都必须统一采取同样措施，因为伪狂犬病可在方圆 5 千米范围内通过空气传播。

(二)育肥猪场

上述种猪及种猪场根除计划措施完全适用于育肥猪场。育肥猪种猪伪狂犬病根除计划措施与前上述的种猪的根除计划措施是完全一样的。不同的只是在育肥猪方面，首先应对育肥猪群在 70～100 日龄的猪进行伪狂犬病血清学检测，如发现有抗体阳性或野毒抗体阳性猪，所有的猪只都应注射疫苗。经过免疫的种猪所生的仔猪，一般在 60～70 日龄注射 1 次基因缺失弱毒疫菌，间隔 4～6 周后再加强免疫 1 次。一般情况下在育肥猪场种猪、育肥猪都应进行免疫。如只免疫种猪，大量的育肥猪感染病毒，在那里大量增殖病毒并向猪舍内排毒，直接威胁着种猪，因而种猪的免疫效果会受到影响。此外育肥猪感染伪狂犬病毒后，虽不表现出典型的临床症状和发生死亡，但可明显地引起呼吸道症状，增重迟缓，饲料报酬降低，推迟出栏，其间接经济损失也是巨大的。经实验室的动物实验和临床上的观察证实，感染了伪狂犬病毒的育肥猪群，注射疫苗与不注射疫苗其增重相差约 1/3。即注射疫苗猪比未注射疫苗猪在同等饲养条件下多增重 1/3，可见育肥猪进行伪狂犬病免疫的重要性。

附　　录

附录一　集约化养猪场兽医防疫工作规程

为了预防、控制或消灭猪的传染病和寄生虫病，保护养猪生产和人民身体健康，根据国务院颁发的《中华人民共和国动物防疫法》的有关规定特制定本工作规程。

1. 范围

本工作规程规定了集约化养猪场兽医防疫工作的基本原则和方法，适用于中、小型集约化猪场使用，也可供其他类型猪场参考。

2. 总则

2.1　猪场建设的防疫要求

2.1.1　猪场场址应选择地势高燥、背风、向阳、水源充足、水质良好，排水方便，无污染，排废方便、供电和交通方便的地方。远离铁路、公路、城镇、学校、居民区和公共场所1 000m以上。离开屠宰场、畜产品加工厂、垃圾及污水处理场所、风景旅游区及医院 2 000m 以上。周围筑有围墙或防疫沟，并建立绿化带，或建有其他有效屏障。

2.1.2　猪场要做到生产区与生活区、行政区严格分开，并保持一定的距离。

2.1.3　猪场大门入口处要设置宽同大门、长为大型机动车车轮一周半长的水泥结构的消毒池。

生产区门口设有更衣换鞋、消毒室或淋浴室。猪舍入口处要设置长1m的消毒池，或设置消毒盆以供进入人员消毒。外来车辆不得进入猪场。

2.1.4 根据防疫需要可建有消毒室、兽医室、隔离舍、剖检室、病死猪无害处理间等，应设在猪场的下风50m以外处。

2.1.5 猪场内道路布局合理，人员、动物和物质运转应采取单一流向，进料和出粪道严格分开，防止交叉感染。

2.1.6 猪场应配备清洗消毒设施，对猪场及相应工具如车辆等定期进行清洗消毒，防止疫病传播。

2.1.7 猪场内应有深水井或自建水塔供生产和生活用水。水质应符合国家规定的卫生标准。

2.1.8 猪场要有专门的堆粪场，粪尿、污水及污物的处理设施，要符合国家环境保护要求，防止污染环境。

2.2 管理要求和卫生制度

2.2.1 场长的职责为：兽医防疫卫生计划、规划和各部门的防疫卫生岗位责任制；淘汰病猪、疑似传染病病猪和隐性感染病猪及无饲养价值的猪只。

2.2.2 猪场要建立有一定诊断和治疗条件的兽医室，建立健全免疫接种、诊断和病理剖检记录。

2.2.3 兽医技术人员的职责为：

——防疫、消毒、检疫、驱虫工作计划；

——配合畜牧技术人员加强猪群的饲养管理、生产性能及生理健康监测；

——有条件的猪场应开展主要传染病的免疫监测工作；

——定期检查饮水卫生及饲料的加工、贮运是否符合卫生防疫要求；

——定期检查猪舍、用具、隔离舍、粪尿处理和猪场环境卫生和消毒情况；

——负责防疫、病猪诊治、淘汰、死猪剖检及其无害化处理；

——建立疫苗领用、保管、免疫注射、消毒、检疫、抗体监测、疾病治疗、淘汰、剖检等各种业务档案。

2.2.4　要坚持自繁自养的原则，必须引进猪只时，在引进前必须调查产地是否为非疫区，并有产地检疫证明。猪只引入后至少隔离饲养 30d 左右，在此期间进行观察、检疫，确认为健康者方可并群饲养。及时注射猪瘟疫苗。

2.2.5　猪场内严禁饲养禽、犬、猫及其他动物。猪场食堂不得外购生鲜猪肉及副产品。

2.2.6　严格控制外来人员参观猪场。必要时，须经场长许可，外来参观者经淋浴、洗澡后，更换场区工作服和工作鞋，并遵守场内防疫制度，方可进入猪场生产区。

2.2.7　场内不准带入可能染疫的畜产品或物品。场内兽医人员不准对外诊疗猪及其他动物的疾病。猪场配种人员不准对外开展猪的配种工作。

2.2.8　猪场的每个消毒池要经常更换消毒液，保持其有效浓度。

2.2.9　生产人员进入生产区时，应洗手、穿工作服和胶鞋、戴工作帽；或淋浴后更换衣鞋。工作服应保持清洁，定期消毒。严禁互相串栋。

2.2.10　饲料、饲料添加剂、兽药的使用，按国家有关规定执行；禁止饲喂不清洁、发霉或变质的饲料，不得喂未经无害处理的泔水，以及其他畜禽副产品。

2.2.11　每天坚持打扫猪舍卫生，保持料槽、用具干净，地面清洁，猪舍内要定期进行消毒，每月 1～2 次。转群时猪舍要进行清扫、消毒。

2.2.12 猪场内的道路和环境要保持清洁卫生，因地制宜选用高效、低毒、广谱的消毒药品，定期进行消毒。

2.2.13 每批猪只调出后，猪舍要严格进行清扫、冲洗和消毒，并空圈 5～7d。部分猪只执行“全进全出”制。

2.2.14 产房要严格消毒，有条件的可进行消毒效果检测；母猪进入产房前进行体表清洗和消毒，母猪用 0.1%高锰酸钾溶液对外阴和乳房清洗消毒。仔猪断脐带要严格消毒。

2.2.15 定期驱除猪的体内、外寄生虫，搞好灭鼠、灭蚊蝇和吸血昆虫等工作。

2.2.16 饲养员认真执行饲养管理制度，细致观察饲料有无变质、猪采食和健康状态、排粪有无异常等，发现不正常现象，及时向兽医报告。

2.2.17 猪只及其产品出场，须经县以上防疫检疫机构或其委托单位实施检疫，出具检疫证明。出售种猪应包括疫病监测、免疫证明。

2.2.18 根据本地区疫病发生的种类，确定免疫接种的内容、方法和适宜的免疫程序，制定综合防制方案和常用驱虫程序和驱虫药物。

2.2.19 猪场根据当地实际情况，制定猪疫病监测的种类和方法。

2.3 扑灭疫情

猪场发生传染病或疑似传染病时，应采取以下措施：

——兽医及时进行诊断，调查疫源，向当地防疫机构报告疫情，根据疫病种类做好封锁、隔离、消毒、紧急防疫、病猪治疗和淘汰等工作，做到早发现、早报告、早确诊、早处理，把疫情控制在最小范围内；

——发生人畜共患病时，须同时报告卫生部门，共同采取扑灭措施；

——在最后一头病猪死亡、淘汰或痊愈后，须经该传染病最长潜伏期的观察，不再出现新病例，并经严格而彻底清洗、消毒后，方可撤销隔离或申请解除封锁。封锁期间严禁出售、加工染疫、病死和检疫不合格的猪只及产品，染疫病死或淘汰的猪尸体，按国家防疫规定的办法进行无害化处理。

3. 主传染病免疫程序

请见各传染病的相关介绍。

4. 寄生虫控制程序

请见各寄生虫病的相关介绍。

5. 记录、档案

每个养猪场都应有完整的记录资料，并妥善保存。一般应包括：猪只饲养量、猪只来源、饲料来源及消耗情况、用药及免疫接种情况、实验室监测、检查、诊断及结果、发病率、病死率、诊断及处治情况，无害化处理情况、猪只出售情况等。

附录二　欧洲根除伪狂犬病计划的解读

一、进入无疫区的条件

饲养的种猪要进入无疫病区：①生产者所在国家必须有伪狂犬病的报告制度。②种猪所在猪群在过去 12 个月内没有本病的病例报告(包括临床的、血清学的或病理学的)，种猪必须在该猪群中饲养了 3 个月以上。③种猪不能进行免疫，并且其所在猪群过去 12 个月内只能使用 gE 缺失疫苗进行免疫。④种猪必须隔离 30d，并且在 21d 后进行 ELISA 检测时，所有猪都是阴性，测试参照上述进行。

商品肉猪只要进入无疫病区，除满足上述条件外，还应：①猪只必须隔离在运输前 10d 内采样并参照标准进行检测，如果来自实施官方监测计划的区域则无需再检测。②通常，这些猪只能待在目标屠宰场直至屠宰。

对于屠宰的猪产品进入无疫病区无需检测，猪群可以用 gE 缺失疫苗进行免疫。但是，它们必须在饲养场饲养超过 60d，并且该猪场此前 3 个月未发生过伪狂犬病。

二、进入正在实施根除计划区域的条件

总体的条件与进入无疫区相似，但有一些例外。①猪只可以用 gE 缺失疫苗进行免疫，并且只能采用 gE-ELISA 进行监测。②2km 无疫区半径对于商品猪不适用。③对于立即屠宰的猪没有特殊要求。

一个很重要的概念就是对于相同状态的区域之间的猪只运输并不需要额外保证，并且对于肉品不需额外保证，因为给

猪饲喂未经处理的泔水是禁止的。

对于区域状态的认定工作由所有成员国代表所组成的兽医代表委员会进行认定。

三、无疫区的认定条件

1. 几年来没有本病的发生。

2. 流行病学调查证实不存在伪狂犬病毒。

3. 基于流行病学所做的血清学调查得到具有统计学意义的结果。

4. 过去 12 个月没有发生本病的临床病例。

5. 相应的控制/记录系统能充分证明不存在无疫区的再污染现象。

6. 未来几年内仍实施监测计划。虽然标准没有明确的检测基准或方法,但仍然需要对公猪和母猪以及其他猪只进行抽样检测。

伪狂犬病根除计划获得认可的大体标准:

实际应用过程中,根除计划会因病毒的流行情况和猪群的密度以及商业模式的不同而有一定差异。通常来说,在低密度—低感染地区,采用检测加淘汰阳性猪的办法是比较可行也是较为经济的。但是对于高密度—高感染的地区,根除计划通常包括至少 3 年的强化免疫,采用血清学调查以确定感染的程度,当感染率降低到可以承受的水平后,再采用淘汰—屠宰的根除计划。

四、计划中的一些关键点

1. 该病必须是要申报的。

2. 参与根除计划必须是强制性的。

3. 必须开展针对所有猪群的血清学检测计划。

4. 一旦检测发现阳性，猪群必须隔离，所有断奶猪只必须进行检测或屠宰。隔离的解除必须是在最后一头阳性猪剔除后至少 21d 并且猪群的检测呈阴性。

5. 必须存在控制/记录系统以确保开展了有效的流行病学调查。

6. 所采取的计划必须与其他地区采用的根除计划相协调。

7. 使用的疫苗必须是 gE 缺失苗。

8. 诊断试验必须符合相应的标准。

如果按照制定的标准开展相应的伪狂犬病根除计划，有人预测，5～10 年内整个欧洲将可以根除该病。

以荷兰为例，对欧洲开展的根除计划做一阐述。在当时，荷兰的伪狂犬病在全国范围内广泛流行，并造成了巨大的经济损失，鉴于这种情况，荷兰不可能采取英国和丹麦那样的措施（即采取扑杀的办法根除伪狂犬病），那样养猪者和政府蒙受的损失无法承受。因此，首先要显著降低本病的流行，即防止伪狂犬病在群与群之间的传播并阻止病毒的侵入。经小范围的研究证实，采用 gE 缺失活疫苗株 783（制成油包水乳剂）每年对猪群进行 3 次免疫可以有效地降低伪狂犬病的排毒和传播，野毒抗体的阳性率也显著降低，因此于 1993 年 9 月开始在全国范围推广使用。他们将根除计划分为 3 个阶段：第一阶段，要显著降低伪狂犬病在群内和群与群之间的传播；第二阶段，跟踪和消灭个别残存的病毒感染；第三阶段，根除本病，并禁止使用疫苗免疫。

为了达到第一阶段的目标，首先开展了强制免疫计划，即要求所有猪只都必须进行免疫，其中种猪每年免疫 3 次，新引进种猪作种用前也必须免疫 3 次，商品猪至少免疫 1 次，推荐免疫 2 次。并且，法律规定免疫只能由兽医执行，免疫资料由国家动物保健机构保存并输入计算机，以便追踪免疫情况。当时规定可以使用的疫苗有 5 种：Arravac Aujeszky NIA3-783 O/W（Hoechst），Nobi-Porvac Aujeszky live Begonia & 783 in Diluvac Forte （Intervet）以及 Suvaxyn Aujeszky NIA3-783 & IN/IM in O/W （Solvay Duphar）。其次，对无疫区进行确认，在成为无疫区前：①所有 gE 血清阳性的猪只必须可以追踪并淘汰。②以 95%可信度为界，随机采集 5%样品进行检测，每个舍内的 5 头猪测定 gE 抗体 3 次，每次间隔 4 个月，如果没有发现伪狂犬病阳性则可成为无疫区。③成为无疫区后，每年还要对 15 头（种群＜80），20 头（80＜种群＜400）或 5%（种群＞400）种猪和每个舍内的 5 头育成猪（最多 30 头）采样进行检测，每隔 4 个月 1 次，以观察状态维持情况。经过努力，截至 1995 年 7 月，约有 450 个猪场成为无疫区，到 1995 年底，这一数字上升至 1 200 个。在执行免疫计划的同时，要保持对 gE 抗体的血清学调查和监测，同时严格控制猪群的流动和运输，并执行疫病的报告制度。

主要参考文献

1　蔡宝祥．家畜传染病学(第四版)[M]．北京:中国农业出版社,2001

2　甘孟侯,杨汉春主编．中国猪病学．北京:中国农业出版社,2005

3　陆承平．兽医微生物学(第三版)[M]．北京:中国农业出版社,2001

4　陈焕春主编．规模化猪场疫病控制与净化．北京:中国农业出版社,2000

5　殷震,刘景华主编．动物病毒学(第二版)．北京:科学出版社,1997

6　李文刚,甘孟侯主编．猪病诊断与防治．北京:中国农业大学出版社,2002

7　李国平编著．规模猪场传染病诊断与防治．北京:中国农业科技出版社,2002

8　王天有,刘保国,赵恒章主编．猪传染病现代诊断与防治技术．北京:中国农业科技出版社,2005

9　斯特劳等编著,赵德明等译．猪病学(第八版)．北京:中国农业大学出版社,2000

10　宣长和主编．猪病学．北京:中国农业科技出版社,2003

11　白文彬,于康震主编．动物传染病诊断学．北京:中国农业出版社,2002

12　杨小燕编著．现代猪病诊断与防治．北京:中国农业

出版社,2002

13 谷长勤,唐万勇,程国富等. 仔猪人工感染伪狂犬病毒Ea株的病理学观察[J]. 华中农业大学学报,2005,24(5):489~491

14 童光志,陈焕春. 伪狂犬病流行现状及我国应采取的防制措施[J]. 中国兽医学报,1999,19(1):1~2

15 张斌,冯泽光,郭万柱等. 仔猪伪狂犬病的病理学研究[J]. 畜牧兽医学报,1992,23(2):182~186

16 陈焕春,金梅林,何启盖等. 伪狂犬病根除计划[J]. 养殖与饲料,2003,7:34~35

17 万遂如. 当前我国猪伪狂犬病流行情况与防制对策[J]. 今日养猪业,2005,1:32~33

18 Lisa E. Pomeranz, Ashley E. Reynolds, and Christoph J. Hengartner. Molecular Biology of Pseudorabies Virus: Impact on Neurovirology and Veterinary Medicine. Microbiology and Molecular Biology. 2005, 69(3):462~500

19 Barbara G. Klupp, Christoph J. Hengartner, Thomas C. Mettenleiter, and Lynn W. Enquist. Complete, Annotated Sequence of the Pseudorabies Virus Genome. Journal of Virology, 2004, 78(1):424~440

20 Thomas C. Mettenleiter. Immunobiology of pseudorabies(Aujeszky's Disease). Veterinary Immunology and Immunopathology. 1996, 54:221~229

21 J. Moynagh. Aujeszky's disease and the European Community. Veterinary Microbiology. 1997, 55:159~166

22 Annemarie Bouma. Determination of the effectiveness of Pseudorabies marker vaccines in experiments and

field trials. Biologicals. 2005, 33:241～245

23 John McInemey, Dick Kooij. Economic analysis of alternative AD control programmes. Veterinary Microbiology. 1997, 55:113～121

24 H.J. Nauwynck. Functional aspects of Aujeszky's disease (pseudorabies) viral proteins with relation to invasion, virulence and immunogenicity. Veterinary Microbiology. 1997, 55:3～11

25 Roger K. Maes, Michael D. Sussman, Aivars Vilnis, Brad J. Thacker. Recent developments in latency and recombination of Aujeszky's disease (pseudorabies) virus. Veterinary Microbiology. 1997, 55:13～27

26 W.L. Mengeling, S.L. Brockmeier, KM. Lager, A.C. Vorwald. The role of biotechnologically engineered vaccines and diagnostics in pseudorabies (Aujeszky's disease) eradication strategies. Veterinary Microbiology. 1997, 55:49～60

27 Nice Visser. Vaccination strategies for improving the efficacy of programs to eradicate Aujeszky's disease virus. Veterinary Microbiology. 1997, 55:61～74

波尔山羊科学饲养技术 8.00元
小尾寒羊科学饲养技术 4.00元
湖羊生产技术 7.50元
夏洛莱羊养殖与杂交利用 7.00元
无角陶赛特羊养殖与杂交利用 6.50元
萨福克羊养殖与杂交利用 6.00元
羊病防治手册(第二次修订版) 8.50元
羊病诊断与防治原色图谱 19.00元
科学养羊指南 19.00元
绵羊山羊科学引种指南 6.50元
南江黄羊养殖与杂交利用 6.50元
羊胚胎移植实用技术 6.00元
肉羊高效养殖教材 4.50元
肉羊饲料科学配制与应用 7.50元
图说高效养兔关键技术 14.00元
科学养兔指南 21.00元
简明科学养兔手册 7.00元
专业户养兔指南 12.00元
长毛兔高效益饲养技术(修订版) 9.50元
怎样提高养长毛兔效益 10.00元
獭兔高效益饲养技术(修订版) 7.50元
怎样提高养獭兔效益 8.00元
肉兔高效益饲养技术(修订版) 12.00元
肉兔标准化生产技术 7.50元
养兔技术指导(第三次修订版) 10.50元
肉兔无公害高效养殖 10.00元
实用养兔技术 7.00元
家兔配合饲料生产技术 10.00元
家兔饲料科学配制与应用 8.00元
家兔良种引种指导 8.00元
兔病防治手册(第二次修订版) 8.00元
兔病诊断与防治原色图谱 19.50元
兔出血症及其防制 4.50元
兔病鉴别诊断与防治 7.00元
獭兔高效养殖教材 6.00元
毛皮兽养殖技术问答(修订版) 12.00元

以上图书由全国各地新华书店经销。凡向本社邮购图书或音像制品,可通过邮局汇款,在汇单"附言"栏填写所购书目,邮购图书均可享受9折优惠。购书30元(按打折后实款计算)以上的免收邮挂费,购书不足30元的按邮局资费标准收取3元挂号费,邮寄费由我社承担。邮购地址:北京市丰台区晓月中路29号,邮政编码:100072,联系人:金友,电话:(010)83210681、83210682、83219215、83219217(传真)。